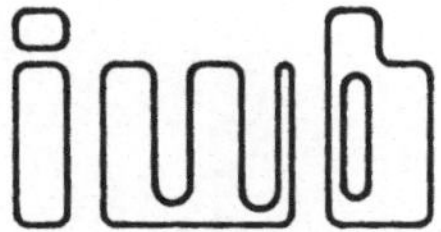

Forschungsberichte · Band 14

**Berichte aus dem
Institut für Werkzeugmaschinen
und Betriebswissenschaften
der Technischen Universität München**

Herausgeber: Prof. Dr.-Ing. J. Milberg

Axel Groha

Universelles Zellenrechnerkonzept für flexible Fertigungssysteme

Mit 74 Abbildungen

Springer-Verlag
Berlin Heidelberg GmbH 1988

Dipl.-Ing. Axel Groha
Institut für Werkzeugmaschinen und Betriebswissenschaften (iwb), München

Dr.-Ing. J. Milberg
o. Professor an der Technischen Universität München
Institut für Werkzeugmaschinen und Betriebswissenschaften (iwb), München

D 91

ISBN 978-3-540-19182-7   ISBN 978-3-662-10706-5 (eBook)
DOI 10.1007/978-3-662-10706-5

Gesamtherstellung: Hieronymus Buchreproduktions GmbH, München
2362/3020-543210

Geleitwort des Herausgebers

Die Verbesserung der Fertigungsmaschinen, der Fertigungsverfahren und der Fertigungs-
organisation zur Steigerung der Produktivität und Verringerung der Fertigungskosten ist eine
ständige Aufgabe der Produktionstechnik. Die Situation in der Produktionstechnik ist durch
abnehmende Fertigungslosgrößen und zunehmende Personalkosten geprägt. Neben den Forde-
rungen nach einer Verbesserung der Mengenleistungen und der Arbeitsgenauigkeit gewinnt
die Steigerung der Flexibilität von Fertigungsmaschinen und Fertigungsabläufen immer mehr
an Bedeutung. In zunehmendem Maße werden Programme, Einrichtungen und Anlagen für
rechnergestützte und flexibel automatisierte Produktionsabläufe entwickelt.

Ziel der Forschungsarbeiten am Institut für Werkzeugmaschinen und Betriebswissenschaften
der Technischen Universität München (*iwb*) ist die weitere Verbesserung der Fertigungsmittel
und Fertigungsverfahren im Hinblick auf eine Optimierung der Arbeitsgenauigkeit und Men-
genleistung der Fertigungssysteme. Dabei stehen Fragen der anforderungsgerechten Maschi-
nenauslegung sowie der optimalen Prozeßführung im Vordergrund. Ein weiterer Schwerpunkt
ist die Entwicklung fortgeschrittener Produktionsstrukturen und die Erarbeitung von Konzep-
ten für die Automatisierung des Auftragsdurchlaufs. Das Ziel ist eine Integration der technischen Auftragsabwicklung von der Konstruktion bis zur Montage.

Die im Rahmen dieser Buchreihe erscheinenden Bände stammen thematisch aus den For-
schungsbereichen des *iwb*: Fertigungsverfahren, Werkzeugmaschinen, Fertigungs- und
Montageautomatisierung, Betriebsplanung sowie Steuerungstechnik und Informationsverarbeitung. In ihnen werden neue Ergebnisse und Erkenntnisse aus der praxisnahen Forschung
des *iwb* veröffentlicht. Diese Buchreihe soll dazu beitragen, den Wissenstransfer zwischen dem
Hochschulbereich und dem Anwender in der Praxis zu verbessern.

Joachim Milberg

Vorwort

Die vorliegende Dissertation entstand während meiner Tätigkeit als wissenschaftlicher Mitarbeiter am Institut für Werkzeugmaschinen und Betriebswissenschaften (iwb) der Technischen Universität München.

Herrn Professor Dr.-Ing. J. Milberg, dem Leiter dieses Instituts, gilt mein besonderer Dank für das Interesse und die wertvollen Anregungen sowie für seine wohlwollende Unterstützung bei der Erstellung der Arbeit.

Herrn Professor Dr.-Ing. G. Färber, dem Inhaber des Lehrstuhls für Prozeßrechner der Technischen Universität München, möchte ich für die kritische Durchsicht der Arbeit und die sich daraus ergebenden Anregungen danken.

Nicht zuletzt möchte ich mich bei den Mitarbeiterinnen und Mitarbeitern des Instituts und den Studenten, die mich bei der Erstellung meiner Arbeit unterstützt haben, recht herzlich bedanken.

München, im Januar 1988 *Axel Groha*

Inhaltsverzeichnis

1. Einleitung und Zielsetzung

Die flexible Automatisierung gewinnt aufgrund der heutigen Marktsituation immer mehr an Bedeutung. Der betriebliche Einsatz von flexiblen Fertigungssystemen hat deswegen in den letzten Jahren stark zugenommen. Während 1983 erst 25 Systeme im Einsatz waren /1/, konnten im Herbst 1985 bereits 278 Installationen flexibler Fertigungssysteme unterschiedlicher Größe in der Bundesrepublik erfaßt werden /2/.

Dabei zeigt sich, daß der Einsatzschwerpunkt in größeren Unternehmen liegt. Dagegen spielen flexible Fertigungssysteme für eine große Zahl kleinerer und mittlerer Unternehmen derzeit kaum eine Rolle. Diese Zurückhaltung liegt in dem wirtschaftlichen Risiko begründet, das mit der Einführung flexibler Fertigungssysteme verbunden ist und das zu einem großen Teil auf die mangelhafte Reproduzierbarkeit realisierter Lösungen für die Anforderungen anderer Anwender zurückzuführen ist. Dies wird gerade auch im Bereich der Fertigungsleittechnik durch das Ergebnis einer vom Institut für Produktionsautomatisierung in Stuttgart durchgeführten Erhebung zur rechnergeführten Teilefertigung bestätigt /3/: 'Fehlende Standardlösungen zwingen selbst kleinere Unternehmen dazu, in eine maßgeschneiderte Leittechniksoftware zu investieren. In Anbetracht des hierfür aufzuwendenden Finanzvolumens nimmt das Risiko, in die neuen Technologien der flexiblen Automatisierung zu investieren, häufig rational nicht mehr zu rechtfertigende Größenordnungen an.'

Schlüsselfertige Systemlösungen aus der Hand eines Herstellers werden zwar in zunehmendem Maße zur Verkettung von Bearbeitungszentren eingesetzt. Durch diese Art der Standardisierung begibt sich der Anwender jedoch in eine starke Abhängigkeit des Systemanbieters /3/, da es ihm dadurch nicht möglich ist, sein eigenes Konzept mit Systemkomponenten verschiedener Hersteller modular zu verwirklichen. Dies wird aber in Zukunft gerade dann an Bedeutung gewinnen, wenn die flexible Automatisierung immer stärker in den Bereich der Montage vordringt /4/, wo Konfigurations- und Prozeßvielfalt keine komponentenübergreifende Standardisierung mehr erlauben. Ausgereifte Standardkomponenten lassen dagegen nicht nur immer neue Kombinationsmöglichkeiten zu, sondern führen trotz der individuellen Problemanpassung gleichzeitig weg vom Prototypcharakter anwenderspezifischer Anlagen. Eine solche Standardisierung darf aber keinerlei Einschränkung in den Funktionen der Einzelkomponente bedeuten, was sich nur dadurch erreichen läßt, daß ein möglichst hoher Grad an Universalität für alle Materialfluß- und Informationsflußkomponenten angestrebt wird. Dies setzt zunächst eine einheitliche sinnvolle Strukturierung mit geeigneten Systembausteinen voraus.

Diese Überlegungen zeigen die Notwendigkeit einer neuen Systemphilosophie in der flexiblen

Produktionsautomatisierung, die von der flexiblen Zelle als Basiskonstrukt /2,5/ und ihrer Integrierbarkeit in übergeordnete Hierarchiestrukturen ausgeht und als erklärtes Ziel eine sich darauf begründende, umfassende Nutzungsverbesserung des Gesamtsystems besitzt.

Der Erfolg der rechnerintegrierten Produktion wird in entscheidendem Maße von einem durchgängigen Informationsfluß geprägt. Deshalb soll ein zur Integration in eine übergeordnete Informationsstruktur bestimmtes universelles Zellenrechnerkonzept vor dem Hintergrund einer einheitlichen Zellenstruktur entwickelt werden, die für Teilefertigung und Montage in gleicher Weise gültig ist und aufgrund einer hinreichenden Entkopplung von anderen Systemkomponenten zu einer Erhöhung der Systemverfügbarkeit beiträgt. Neben einer konzeptbedingten Erhöhung der Verfügbarkeit und dem mit der Universalität verbundenen Standardisierungsgrad verspricht ein universeller Zellenrechner weitere Nutzungsverbesserungen für die Zelle sowie für das gesamte Fertigungssystem, wenn bei der Entwicklung besonderes Gewicht auf die Ausnutzung möglicher Nebenläufigkeiten, auf geeignete Optimierungsstrategien und auf integrierte Diagnosesysteme gelegt wird. Aufgrund dieser Anforderungen soll das Aufgabenspektrum für einen Fertigungszellenrechner ermittelt werden und so in ein möglichst hardwareunabhängiges Programmpaket umgesetzt werden, daß ausgehend von einem Standardkern auch nachträglich der Funktionsumfang leicht erweitert werden kann. Um den Universalitätsansprüchen gerecht zu werden, soll schließlich eine an beliebigen Programmstellen integrierbare Ablaufsteuerung realisiert werden, die dem Anwender größtmögliche Einsatzflexibilität bietet.

2.   Anforderungen an die Informationsstruktur flexibler Fertigungssysteme

2.1.   Problemstellung

Als Komponenten automatisierter Produktionssysteme haben PPS – Systeme, CAD/CAP-
Systeme, CAM-Leittechnik, CAQ-Systeme /6/ sowie CNC – Maschinen, Industrieroboter und
automatische Transport- und Lagersysteme (Bild 1) jeweils für sich betrachtet einen hohen
Entwicklungsstand erreicht. Für die umfassende Automatisierung der Produktion sind die Bereiche Konstruktion, Arbeitsplanung, Arbeitssteuerung, Teilefertigung und Montage zu einem
Gesamtsystem zu verbinden. Mit zunehmender Integration der verschiedenen Komponenten
zum automatischen System treten allerdings die Probleme der Hard- und Softwareschnittstellen
immer deutlicher in den Vordergrund. Von großer Bedeutung ist in diesem Zusammenhang die
richtige Strukturierung des Systems. Dabei müssen zwei sich widersprechende Ziele angestrebt
werden. Die einzelnen Funktionskomplexe sind einerseits so zu verbinden, daß ein Maximum
an Daten und Informationen für die verschiedenen Bereiche in direktem Zugriff vorliegen.
Anderseits muß das System so entkoppelt sein, daß trotz großer Komplexität eine ausreichende
Verfügbarkeit erreicht wird. In Analogie zur manuellen Aufbauorganisation ist es sinnvoll,
hierarchische Informationsstrukturen anzuwenden, die auf Werkstattebene vom Fertigungs-
zellengedanken ausgehen /7/.

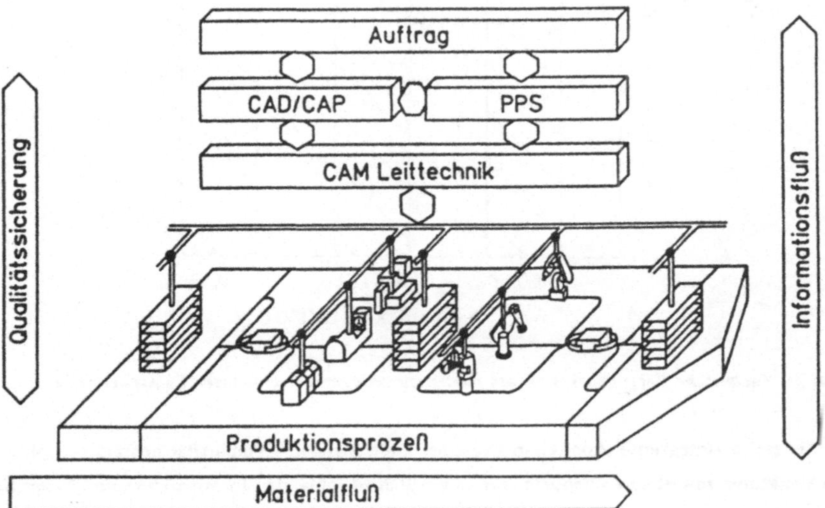

Bild 1: Bausteine rechnerintegrierter Produktionssysteme

2.2. Entkopplung der Systemkomponenten durch eine sinnvolle Informationsstruktur

Mit der Komplexität einer Fertigungsanlage steigt auch ihr Ausfallrisiko /8/. Untersuchungen der technischen Verfügbarkeit von Fertigungsanlagen in Abhängigkeit von der Komplexität /9/ zeigen zwar nur eine geringe Abnahme der technischen Verfügbarkeit vom niedrigen zum mittleren Komplexitätsgrad, jedoch einen überdurchschnittlich starken Abfall vom mittleren zum hohen Komplexitätsgrad (Bild 2). Dies verdeutlicht, daß vor allem die Kopplung mehrerer sich ergänzender Teilsysteme zu einer erheblich geringeren technischen Verfügbarkeit des Gesamtsystems führt. Zudem haben solche Systeme den Nachteil, daß der Ausfall eines Teilsystems leicht zum Stillstand der Gesamtanlage führen kann. Der erreichbare Nutzungsgrad liegt deswegen bei untersuchten Fertigungssystemen mit ergänzender Bearbeitungsfolge meist nur zwischen 70 und 80% /10/.

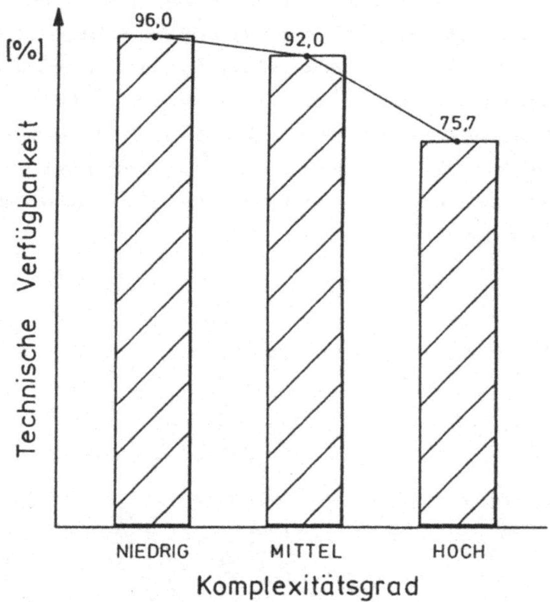

Bild 2: Technische Verfügbarkeiten von Fertigungsanlagen verschiedener Komplexität /9/

Da die rechnerintegrierte Produktion von einer zunehmenden Komplexität geprägt ist, gilt es, die Strukturen soweit zu entkoppeln, wie es möglich ist, ohne den Informations- und Materialfluß zu beeinträchtigen. Eine zeitliche und funktionale Entkopplung in der Informationsstruktur führt zur Dezentralisierung der Rechnerintelligenz, zu einer verteilten Datenbankstruktur, zur Autonomie überschaubarer Teilsysteme, zu einer modular programmierten Software auf den jeweiligen Rechnern und zu exakt definierten Teilsystemgrenzen mit standardisierbaren Schnittstellen. Eine hierarchische Strukturierung in klar gegeneinander abgegrenzte Funktionsblöcke und eine Dezentralisierung von Intelligenz ermöglichen nämlich auch bei Störungen oder Ausfall eines übergeordneten Rechners einen wenigstens teilautomatisierten Systembetrieb /11,12/. Daneben läßt sich eine Erleichterung beim Test, bei der Inbetriebnahme, bei Anpassungen und Erweiterungen des Systems /12/ sowie bei der Wartung und Instandhaltung erreichen. Ein weiterer Vorteil einer transparenten, entkoppelten Struktur liegt darin, daß funktional abgegrenzte Teilsysteme entstehen, die sich bei Ausfällen gegenseitig ersetzen können. Das bedeutet eine zusätzliche Erhöhung der technischen Verfügbarkeit des Gesamtsystems durch Redundanz.

Als erste Maßnahme zur Strukturierung des Informationsflusses wird in /13/ die Definition von horizontalen und vertikalen Verbindungen zwischen den Systemkomponenten vorgeschlagen. Der vertikale Informationsfluß dient zur Übermittlung von Vorgabedaten an untergeordnete Systeme und zur Rückmeldung von Betriebsdaten. Der Informationsaustausch zwischen den Ebenen sollte dabei so gering wie möglich sein. Dies ist allerdings stark von der Mächtigkeit der Nachrichteninhalte abhängig und setzt deshalb maximale lokale Intelligenz in den jeweiligen Teilsystemen voraus. Der horizontale Informationsfluß spielt sich dagegen ausschließlich innerhalb einer Hierarchieebene ab und dient hauptsächlich der Synchronisation paralleler Vorgänge, die auf verschiedene Teilsysteme verteilt sind, während die Koordination dieser Vorgänge in der Regel von einer übergeordneten Hierarchieebene übernommen wird. Die Notwendigkeit zu einer horizontalen Kommunikation hängt dabei allein vom Grad der Entkopplung der Teilsysteme ab und ist deswegen nicht unbedingt in allen Ebenen erforderlich. Geschieht die Übermittlung der zur Ausführung einer Aufgabe benötigten Daten losgelöst von dem zur Synchronisation nötigen Austausch telegrammartiger Meldungen, so bildet der vertikale und horizontale Datenfluß eine eigenständige Komponente des Informationsflusses. Die Datenrate wird dabei sowohl von der eingesetzten Datenbankstruktur als auch von der Größe der zu übertragenden Datenpakete geprägt.

Sollen in einem flexiblen Fertigungssystem nicht nur durch strukturelle Maßnahmen sinnvolle standardisierbare Schnittstellen zwischen entkoppelten Moduln geschaffen werden, sondern soll auch ein möglichst hoher Informationsaustausch auf allen Ebenen und zwischen allen Komponenten ermöglicht werden, so ist die Wahl der richtigen Topologie zwischen den einzelnen Rechnerkomponenten genau so wichtig wie ihre strukturelle und aufgabenspezifische Abgrenzung gegeneinander.

Im Nahbereich (Verbindungswege bis zu mehreren Kilometern /14/) herrschen drei verschiedene Verbindungsstrukturen (Topologien) vor, die Stern –, die Ring – und die Busstruktur
(Bild 3). Bei der sternförmigen Struktur ist jeder angeschlossene Teilnehmer mit einem zentralen Rechner über eine eigene Übertragungsleitung verbunden und kann nur über diese Zentraleinheit mit den anderen Teilnehmern kommunizieren. In flexiblen Fertigungssystemen übernimmt die Vermittlungsaufgabe der Leitrechner. In der Ringstruktur sind alle Teilnehmer
ringförmig miteinander verbunden, das heißt die übertragenen Informationen werden von
Teilnehmer zu Teilnehmer in einer vorgegebenen Richtung weitergereicht, bis sie ihr Ziel
erreichen. In den einzelnen Stationen findet eine Regenerierung und Verstärkung der Daten
statt. Dazu sind aufwendige Controller – Bausteine notwendig. Bei der Busstruktur handelt es
sich genauso wie beim Ring um eine dezentrale Vermittlungsstruktur. Alle Teilnehmer sind
über einen zentralen Verbindungsstrang zusammengeschaltet, der jedoch im Gegensatz zum
Ring nicht geschlossen sein muß. Zwischen allen Teilnehmern ist eine paarweise Kommunikation in jede Richtung durch den Einsatz von leistungsfähigen Controller – Bausteinen möglich.
Eine Regenerierung der Informationen findet auf dem gemeinsamen Übertragungsmedium-
nicht statt. Innerhalb der Busstrukturen läßt sich zwischen parallelen und seriellen Bussen
unterscheiden.

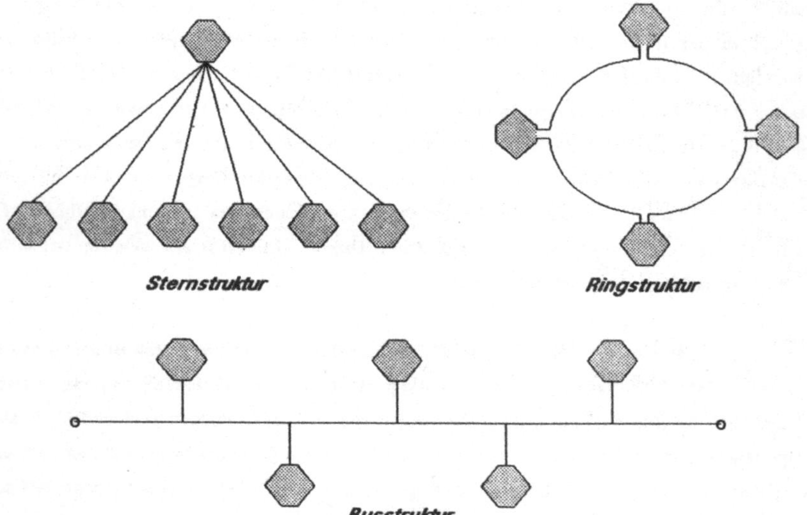

Bild 3: Topologien im Informationsfluß eines flexiblen Fertigungssystems

Der parallele Bus scheidet allerdings aus, um im Fertigungssystem die Komponenten untereinander zu verbinden. Er ermöglicht im Vergleich zum seriellen Bus zwar eine höhere Übertragungsleistung, die aber im Fertigungssystem mit einer mittleren Übertragungskapazität (10 kbits – 100 Mbits) /14/ gar nicht benötigt wird. Er eignet sich jedoch nicht bei den dort üblichen mittleren bis großen Entfernungen (ab 10 m) /14/. Zudem ist ein ganzer Kabelbaum in einer rauhen Industrieumgebung weniger robust als eine einzelne und entsprechend geschützte Leitung. Deshalb soll im folgenden ausschließlich ein Vergleich zwischen seriellen Verbindungsstrukturen stattfinden.

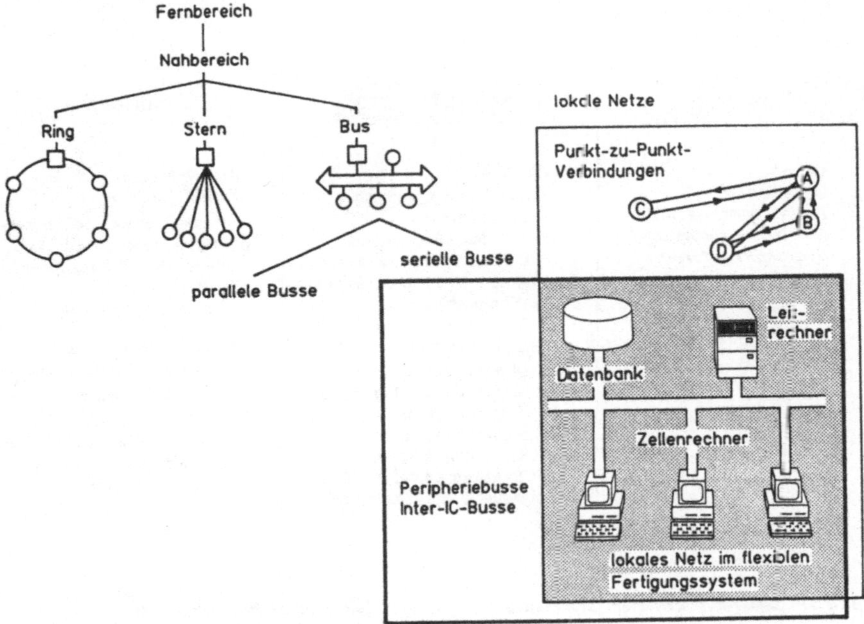

Bild 4: Begriffliche Einordnung des lokalen Netzes eines flexiblen Fertigungssystems, vgl. /14/

Für serielle Busse wird oft auch der Begriff 'Lokales Netz' fälschlicherweise als Synonym verwendet. Um ein lokales Netz handelt es sich zunächst ganz allgemein, wenn mehrere unabhängige und möglicherweise unterschiedliche Geräte in einem aus seriellen Übertragungswegen bestehenden Rechnerverbund begrenzter räumlicher Ausdehung betrieben werden /14/. Diese Definition trifft aber nicht für alle serielle Bussysteme zu (Bild 4). So dienen serielle Busse beispielsweise auch zum Anschluß von Peripheriegeräten wie Plattenspeicher, Drucker etc. an den dazugehörigen Rechner (Peripheriebusse) oder zur Verbindung integrierter Schaltkreise innerhalb eines Geräts (Inter-IC-Busse). Andererseits lassen sich lokale Netze nicht nur durch serielle Bussysteme realisieren, sondern auch durch einfache Punkt–zu–Punkt – Verbindungen, solange diese alle Teilnehmer untereinander verbinden. Wird jedoch von lokalen Netzen speziell im Zusammenhang mit dem Rechner– und Steuerungsverbund in einem flexiblen Fertigungssystem gesprochen, so soll darunter ausschließlich ein serieller Bus im lokalen Netz, also die begriffliche Schnittmenge aus seriellen Bussen und lokalen Netzen (Bild 4), verstanden werden. Damit lassen sich nur im speziellen Fall eines flexiblen Fertigungssystems serielle Busse und lokale Netze gleichsetzen, so daß dort gemäß des allgemeinen Sprachgebrauchs letztendlich folgende drei Topologien unterschieden werden: die Stern –, die Ring – und die Netzstruktur.

<table>
<tr><td>Kosten</td><td>Leistungsfähigkeit</td><td>Verfügbarkeit</td></tr>
<tr><td>

– *Kabel*
– *Installation*
– *Teilnehmeranschluß*
  (Software/Hardware)
– *Systemerweiterung*

</td><td>

– *Flexibilität*
  o max. Teilnehmerzahl
  o Erweiterbarkeit
  o Art des Datenzugriffs –
    und Zuteilungsverfahrens
  o Grad der Standardisierung
    (Kompatibilität)

– *Geschwindigkeit*
  o Übertragungsrate
  o überbrückbare Entfernung
  o Zeitverhalten bei
    schwankendem
  o Verkehrsaufkommen
  o Verhältnis: Kontroll –/
    Steuer – zu Nutzdaten

</td><td>

– *Auswirkungen fehlerhafter Komponenten*
  o Ausfall eines Teilnehmers
  o Ausfall eines Verstärkers
    oder der Zentraleinheit
  o Ausfall einer
    Übertragungsleitung

– *Auswirkungen der Topologieeigenschaften*
  o Datensicherung
  o Art des Datenzugriffs –
    und Zuteilungsverfahrens
  o Laufzeiten
  o Normierungsgrad

</td></tr>
</table>

Bild 5: Bewertungskriterien verschiedener Topologien für verteilte Rechnersysteme

Für die Wahl der richtigen Topologie im flexiblen Fertigungssystem können vor allen Dingen drei verschiedene Kriterien (Bild 5) in Betracht gezogen werden /15/. Wichtigstes Kriterium ist zunächst die Leistungsfähigkeit. Die *Leistungsfähigkeit* der drei Topologien läßt sich bezüglich der Flexibilität und Geschwindigkeit bewerten. Die Flexibilität wird bestimmt durch die maximal mögliche Anzahl von Teilnehmern, die Erweiterbarkeit des Systems, die Art des Zugriffs– und Zuteilungsverfahrens und schließlich durch den Grad der Standardisierung im Sinne einer hohen Kompatibilität zu anderen Systemen und zu verschiedenen Komponenten. Die Geschwindigkeit drückt sich in der maximal möglichen Übertragungsrate aus, die wiederum von der zu überbrückenden Entfernung abhängig ist, im Zeitverhalten bei normalem und

stark schwankendem Verkehrsaufkommen und im Verhältnis zwischen Kontroll- bzw. Steuer-
und Nutzdaten. Die Entscheidung für ein leistungsfähigeres System ist jedoch nur dann
tragbar, wenn die damit verbundenen *Kosten* vertretbar sind. Bei jeder Rechnerverkettung
entstehen Kosten für die Kabel und ihre Installation, für jeden Teilnehmeranschluß und für
jede Systemerweiterung. Nicht zuletzt spielen *Verfügbarkeitsbetrachtungen* als Bewertungskri-
terium eine entscheidende Rolle, nachdem die gewählte Verbindungsstruktur beim Einsatz eines durch seine Komplexität geprägten Systems ganz sicher eine der möglichen strukturellen
Maßnahmen zur Erhöhung der Systemverfügbarkeit darstellt. Die unterschiedlichen Auswirkungen der Topologien auf die Verfügbarkeit des Gesamtsystems lassen sich unterteilen in die
Auswirkungen einzelner fehlerhafter Komponenten (Teilnehmer, Zentraleinheit, Übertragungsleitung) bei der jeweiligen Verbindungsstruktur und in die Auswirkungen der mit der jeweiligen Topologie zusammenhängenden Übertragungseigenschaften. Darunter fallen die Methoden
zur Datensicherung, die Art der Zugriffs- und Zuteilungsverfahren, mögliche laufzeitbedingte
Fehler, aber auch der Grad der realisierten Normierung.

Leistungsfähigkeit

Entsprechend dieser Bewertungskriterien soll nun im folgenden ein Vergleich der Topologien
erfolgen – beginnend mit der Leistungsfähigkeit: Eine Erweiterung läßt sich bei der Netz- und
Ringstruktur wegen der üblicherweise verwendeten dezentralen Zuteilungsverfahren bei schon
vorhandener Übertragungsleitung leichter durchführen als bei der Sternstruktur. Besonders po-
sitiv wird die Erweiterbarkeit im Ring dadurch beeinflußt, daß zwischen den einzelnen Teilnehmern völlig verschiedene, den jeweiligen Anforderungen der Umgebung angepaßte Über-
tragungsmedien eingesetzt werden können. Auch die Teilnehmeranzahl und die maximal über-
brückbare Entfernung liegen beim Ring wegen der Verstärkereinrichtung an jeder Station am
höchsten, während die Kompatibilität beim Netz wegen der weitfortgeschrittenen Standardisierung der Schnittstellen und beim Stern wegen des nur an die zentrale Einheit anzupassenden
Anschlusses größer ist. Die Übertragungsrate liegt bei der Ring- und Netzstruktur generell
wesentlich höher, da dort eine bessere Kabelqualität als beim Stern und eine synchrone Datenübertragung im Gegensatz zur standardmäßigen asynchronen V24 – Verbindung beim Stern
verwendet werden. Deshalb ist auch das Zeitverhalten besser als bei der Sternstruktur, bei der
zudem die Zentraleinheit unter hoher Belastung steht. Jedoch ist das Zeitverhalten im Netz
nochmals bedeutend besser als im Ring. Im Ring ist nämlich der Datentransport nur in einer
Richtung möglich, so daß auch Quittungssignale einmal durch den ganzen Ring geschleift
werden müssen, wodurch die Durchsatzrate sinkt. Außerdem können dort bei schwankendem
Verkehrsaufkommen leicht Engpässe entstehen, wenn nicht genug Puffermöglichkeiten an den

einzelnen Stationen vorhanden sind. Das Antwortzeitverhalten im Netz wird entscheidend vom verwendeten Zugriffsverfahren bestimmt /16/. Das CSMA/CD-Verfahren, das ein statistisches Zugriffsverfahren ist und im Ethernet angewendet wird, funktioniert nur bei relativ geringer Netzbelastung gut. Bei zunehmender Datenübertragung läßt sich jedoch die Antwortzeit nicht mehr voraussagen. Beim Token-Passing-Verfahren, das im MAP-Netz eingesetzt wird, handelt es sich dagegen um ein deterministisches Zugriffsverfahren, so daß eine genaue definierte Zugriffszeit oder Wartezeit für die Übertragung gewährleistet ist. Das Verhältnis zwischen Kontroll- zu Steuer- und Nutzdaten ist in der Regel bei einfachen Punkt-zu-Punkt - Verbindungen in der Sternstruktur günstiger als im Ring und im Netz, wenn auf aufwendige Protokolle zur Datensicherung verzichtet wird.

<u>Kosten</u>

Während bei der Sternstruktur für jeden an die zentrale Einheit angeschlossenen Rechner ein eigenes Kabel gelegt werden muß, was sehr hohe Kabel- und Installationskosten verursacht, muß bei der Netz- und Ringstruktur nur ein Kabel verlegt werden. Da an diesem Kabelstrang alle Teilnehmer hängen, wird eine hohe Verfügbarkeit erforderlich. Deswegen werden im Gegensatz zur Sternstruktur in der Regel wesentlich störunanfälligere, und damit teuerere Kabel (Koaxialkabel, Lichtleiter) verwendet, so daß trotz der erheblich kürzeren Kabellänge hohe Kabelkosten bei allerdings niedrigen Installationskosten entstehen. Die Kabel- und Installationsaufwendungen sind beim Ring noch höher als beim seriellen Bus, da dort unabhängig von der Anordnung der Teilnehmer der Ring geschlossen werden muß. Die Erweiterbarkeit ist beim Stern durch die vorhandenen Schnittstellen am Zentralrechner dadurch begrenzt, daß ein zusätzlicher Teilnehmeranschluß eventuell eine kostenintensive Interfaceaufrüstung erforderlich macht. Nachdem die Controller eine dezentrale Bussteuerung sowie Protokoll- und Kontrollfunktionen beinhalten, ist die Hardware- und Software - Ausstattung beim Netz und Ring wesentlich teurer, als dies für die einfachen Interfacebausteine in einer Sternstruktur der Fall ist. Zusätzlich kommt beim Ring die Verstärkung und Signalregenerierung hinzu. Nimmt beim Stern ein zentraler Rechner ausschließlich die Vermittlungsfunktion unter den Komponenten wahr, dann sind die Gesamtkosten bei nur wenigen Anschlüssen wesentlich höher als bei der Netz- und Ringstruktur. Mit dem Anstieg der Anschlüsse übersteigen allerdings die Kosten bei der Netz- bzw. Ringstruktur bald die Aufwendungen bei der Sternstruktur, da pro Teilnehmer eine zusätzliche teure Verbindungslogik nötig wird.

<u>Verfügbarkeit</u>

Fällt ein Teilnehmer aus, so hat dies nur beim Ring den Ausfall des Gesamtsystems zur Folge, läßt sich aber durch teuere Gegenmaßnahmen wie zum Beispiel durch einen Doppelring verhindern. Beim Ring und bei der Sternstruktur können als aktive Komponenten eine Verstärker- bzw. die Zentraleinheit ausfallen. Beides zieht einen Ausfall des Gesamtsystems nach sich. Ein Kabelfehler oder eine Kabelstörung wirkt sich beim Netz und beim Ring fatal für das Gesamtsystem aus, beim Stern aber nur für einen Teilnehmer. Deswegen werden beim Netz und beim Ring wesentlich störunanfälligere Kabel verwendet. Die bei der Netz- und Ringstruktur vorherrschende synchrone Übertragung macht eine zyklische Blocksicherung (CRC) möglich, die gegenüber der Kreuzsicherung bei der asynchronen Übertragung eine Verminderung der Rate der unentdeckten Blockfehler um den Faktor 100 bewirkt /14/. Zudem werden durch die zyklische Blocksicherung auch Büschelstörungen, das heißt Mehrfachbitfehler, wie sie in der Industrieumgebung häufig vorkommen, erkannt. Für die Verfügbarkeit spielt neben der strukturellen Dezentralisierung auch die dezentrale 'Bus'-Zuteilung, wie sie beim Netz und beim Ring meist eingesetzt werden, eine entscheidende Rolle, kann aber nur im Einzelfall zu einer Bewertung herangezogen werden. Die kurzen Laufzeiten in einem Netzwerk verhüten Echtzeitfehler und die weit fortgeschrittene Normierung im Bereich lokaler Netze /17/ erhöht durch einheitliche Schnittstellen die Gesamtverfügbarkeit. Im Gegensatz zur Netzstruktur erweisen sich deswegen auch die Controller für den Ring als anfälligste Komponente dieser Topologie /18/.

<u>Zusammenfassung</u>

Zusammenfassend läßt sich feststellen, daß Netz- und Ringstruktur bezüglich der Leistungsfähigkeit und der damit anfallenden Kosten vergleichbar sind mit einem deutlichen Vorsprung in der Leistungsfähigkeit gegenüber der Sternstruktur. Die hohen Anforderungen, die in einem durch erhebliche Komplexität gekennzeichneten flexiblen Fertigungssystem an die Verfügbarkeit des Informationsflusses im Rechner- und Steuerungsverbund gestellt werden, werden jedoch nur von lokalen Netzen erfüllt, besonders was die schon weit gediehenen Standardisierungsbemühungen im Zug der Forderung nach Kompatibilität angehen. Aus diesen Gründen ist auch bei der Entwicklung flexibler Fertigungssysteme eindeutig der Trend festzustellen, daß die traditionelle sternförmige Topologie allmählich von der netzförmigen verdrängt wird. Außerdem werden auch die strukturellen Maßnahmen zur Dezentralisierung von Intelligenz in verteilten Systemen von einer vernetzten Informationsarchitektur unterstützt. Denn gerade bei der Einführung von Hierarchieebenen im Informationsfluß wird

11

nicht nur eine Mehrfachabstützung im Sinne der Verfügbarkeit notwendig, sondern auch die Kommunikation auf einer Hierarchieebene, um die übergeordnete Rechnereinheit von einfachen Synchronisationsaufgaben zu entlasten und im Störungsfall unabhängig davon autonom handeln zu können. Dies läßt sich aber nur realisieren, wenn alle beteiligten Komponenten paarweise miteinander kommunizieren können. Damit läßt sich im Informationsfluß eine Analogie herstellen zur materialflußtechnischen Eigenschaft der wahlfreien Komponentenverkettung , die ein flexibles Fertigungssystem charakterisiert und auch in dem Begriff *flexibles Fertigungsnetz* /19/ zum Ausdruck kommen soll.

3. Der Zellengedanke als Strukturierungsprinzip im Informations- und Materialfluß flexibler Fertigungssysteme

3.1. Einführung der flexiblen Zelle

Während zwar schon 1970 Dolezalek /20/ den Begriff 'Flexibles Fertigungssystem' in den deutschsprachigen Raum einführte, so wurde doch in der Praxis der Verkettung mehrerer Maschinen zu flexiblen Fertigungssystemen zunächst Skepsis entgegengebracht, da man darin ein hohes wirtschaftliches Risiko vermutete /21/. Dies erkärt sich aus der anfangs vertretenen Großsystem-Philosophie mit mehr als 5 verketteten Maschinen, mit der die mannlose Fabrik realisiert werden sollte /2/. In der baulichen Integration einer Werkzeugmaschine, von Handhabungssystemen, von flexiblen Spannmitteln und von Meßeinrichtungen wurden dagegen Vorteile gesehen /22/. So wurde für eine Fertigungseinrichtung, die automatisch unterschiedliche Werkstücke bearbeiten kann, der Begriff der flexiblen Zelle eingeführt /23/ und schließlich als flexibles Einmaschinensystem /24/ definiert. Obwohl der Anfang in der Entwicklung flexibler Fertigungssysteme von beiden Ansätzen gleichzeitig geprägt war, kann man sagen, daß erst der Einsatz der im Vergleich zu den Großsystemen weniger komplexen und damit auch weniger risikobehafteten Zelle die starke Verbreitung flexibler Fertigungssysteme in den letzten Jahren bewirkt hat /2/. Es handelt sich allerdings dabei um eine Entwicklung, die in dieser Art allein in der Bundesrepublik Deutschland stattgefunden hat, während die flexible Automatisierung im Fertigungsbereich in den USA und in Japan immer noch durch überdurchschnittlich viele flexible Großsysteme gekennzeichnet ist /5/.

3.2. Zellenrechnerebene im flexiblen Fertigungssystem

Die materialflußtechnische Automatisierung einer Werkzeugmaschine durch periphere Einrichtungen zur Bereitstellung und Zuführung erfordert gleichzeitig Überlegungen im Informationsfluß, gerade wenn ein autonomer, das heißt unbedienter, Betrieb erzielt werden soll /25/. Zunächst wurde die Steuerung flexibler Fertigungszellen von aufgewerteten Werkzeugmaschinen-Steuerungen mitübernommen. Während dafür als erste Lösung ein zentrales Steuerungskonzept eingesetzt wurde /26/, wurden bald zur Steuerung flexibler Fertigungszellen dezentrale Mehrrechnersysteme auf der Ebene der Maschinensteuerung vorgeschlagen, deren Struktur einem modularen Zellenaufbau entspricht /24/. Außerdem wurde in diesem Zusammenhang zum erstenmal ein Anforderungsprofil für die Steuerung flexibler Fertigungszellen entwickelt. Aber erst 1983 taucht der Begriff 'Zellenrechner' für einen eigenständigen Rechner auf, der allerdings gleich für die Führung zweier miteinander verketteter Maschinen verantwortlich war /27/. Für diese rechnermäßig verschmolzenen zwei Fertigungszellen wurde deshalb der Begriff 'Duplex - Fertigungszelle' gewählt. Wichtigste Weiterentwicklung war bei diesem Konzept, daß der Rechner im Informationsfluß eine Hierarchiestufe über der Steuerungsebene angesiedelt war.

Angetrieben durch den wirtschaftlichen Erfolg beim Einsatz kleiner verketteter Systeme wurden immer komplexere Fertigungssysteme unter die Führung eines zentralen Rechners gestellt. Diese Rechner wurden teilweise unter der Bezeichnung 'Leitrechner' installiert, aber teilweise auch noch unter der Bezeichnung 'Zellenrechner', sofern es sich dabei um eine Erweiterung des Umfangs der ursprünglichen flexiblen Zellen handelte /28/. Der Zellenbegriff wurde dabei weg von der materialflußmäßigen hin zu einer rechnermäßigen Definition ausgedehnt; denn im Vordergrund der Leitrechner- sowie der Zellenrechnerkonzepte stand immer das Ziel, möglichst wenig Rechnerkapazität für möglichst viele Komponenten einzusetzen. Damit lassen sich heute durch Leitrechner geführte Systeme von durch Zellenrechner geführten Systemen vielfach nicht mehr bezüglich ihres Umfangs unterscheiden /29/.

Auch bei diesen erweiterten Zellen wird jedoch eine informationsflußtechnische Verkettung zu einem übergeordneten System unter der Führung eines Leitrechners offengehalten /28,30/. Umgekehrt zeichnet sich auch aus dem Blickwinkel der DNC-Systeme /31/, bei denen die Komponenten direkt mit dem Leitrechner verbunden sind, die Notwendigkeit einer Zellenebene als Zwischenhierarchiestufe /32/ zwischen der Leitrechner- und der Steuerungsrechnerebene ab. Die Notwendigkeit zu einer Zwischenhierarchiestufe ergibt sich aus zwei Gründen: Zum einen führt die Komplexität der heutigen Fertigungssysteme zu einem so hohen Datenaufkommen, daß Rechner als Datenkonzentratoren /33/ eingesetzt werden müssen, und zum anderen steigen die Anforderungen an die Leistungsfähigkeit und den Komfort der Rechnerausstattung im Werkstattbereich, was letzendlich zu dezentralen Leitsystemen vor Ort zwingt.

3.3.   Trend zur rechnergeführten Einmaschinenzelle

Der immer höhere Grad an Automatisierung und Flexibiltät im Bereich der Werkzeugmaschinen und deren Peripherieeinrichtungen läßt die Steuerungs- und Überwachungsaufgaben bezüglich des Prozesses und des maschinennahen Materialflusses anwachsen. Außerdem ergeben sich bei jeder weiteren Annäherung an den mannlosen Betrieb immer mehr Kontrollfunktionen. Auch hier liegen die kritischen Stellen hauptsächlich im fertigungsprozeßnahen

Bereich. Dazu sollen gerade in diesem Bereich durch umfangreiche Diagnoseprogramme Ausfallzeiten verkürzt /21/ und eine möglichst umfassende Betriebsdatenerfassung durchgeführt werden. Aufgrund der zunehmenden Aufgabenmenge, der Informationsdichte und der Echtzeitanforderungen im Bereich der Zelle als Einmaschinensystem läßt sich die entstehende Belastung kaum mehr von Rechnern, die größere Systeme versorgen, verkraften. Deshalb ist zur Zeit der Trend zu rechnergeführten Einmaschinenzellen – hauptsächlich im Bereich flexibler Drehzellen /21,34/ – verstärkt zu beobachten.

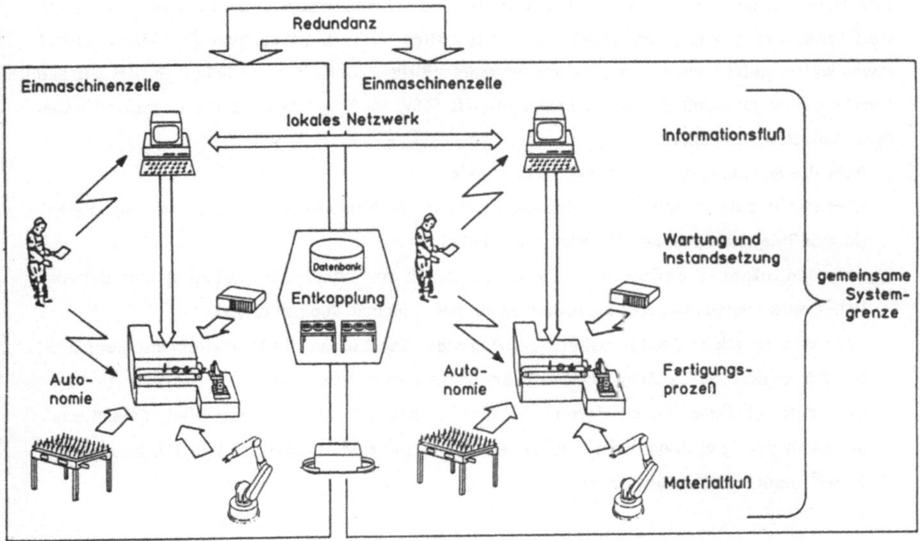

Bild 6: Einmaschinenkonzept als Strukturprinzip

Wie in Kapitel 2.2. festgestellt wurde, besteht zum Zweck einer Verbesserung der technischen Verfügbarkeit der Zwang zur sinnvollen Systementkopplung. Daß die Zelle als Einmaschinensystem das richtige Strukturelement bildet, wird aus folgender Überlegung deutlich: Da die Einzelmaschine als Bearbeitungssystem gegenüber dem Materialflußsystem und dem Informationssystem mit 50 bis 75% den prozentual höchsten Anteil von der Gesamtinvestion in einem flexiblen Fertigungssystem ausmacht /19/ und außerdem allein für den Fertigungsprozeß verantwortlich ist, wird sie zum zentralen Angelpunkt in der Fertigung. Sie muß deshalb auch bei einer Strukturierung des Gesamtsystems in den Mittelpunkt gerückt werden. Der Fertigungsprozeß selbst ist wiederum gegliedert durch seine Aufteilung auf mehrere Maschinen. Diese natürliche Gliederung läßt sich damit auch zur Entkopplung nutzen, indem sich auf dieser Basis leicht im Materialfluß sowie im Informationsfluß Unabhängigkeiten zwischen den einzelnen Komponenten schaffen lassen. Es entstehen so funktional logische und autonom funktionsfähige Teilsysteme mit schlüssigen, exakten Systemgrenzen, die für einheitliche Schnittstellen sorgen. Auf diese Weise lassen sich eine Funktionsbereitschaft einzelner Systemkomponenten auch beim Ausfall des restlichen Systems sowie eine bessere Ersetzbarkeit und eine leichtere Wartung und Instandsetzung beim Ausfall einer einzelnen Systemkomponente erreichen (Bild 6).

Aus diesen Gründen soll im folgenden zunächst an der Einmaschinenzelle, die damit das kleinste flexible Fertigungssystem bildet /23/, festgehalten werden, wenngleich der Begriff später etwas weiter gefaßt wird, um zu einer allgemeingültigen Definition zu gelangen, die für alle flexiblen Fertigungszellen gleichermaßen zutrifft. Ziel der folgenden Betrachtungen soll dabei sein, Aufschluß zu erhalten

- über die minimale bzw. maximale Zellengröße,
- über die Art der möglichen Zellenausstattung in Verbindung mit einer Einteilung in standardmäßige und optionale Konfigurationsanteile,
- über den Informationsfluß in der Zelle hinsichtlich des Schnittstellenaufwands und der zeitlichen und mengenmäßigen Anforderungen beim Nachrichtenaustausch,
- über eine mögliche Modularisierung in logische, funktionale Teileinheiten mit dem Ziel, die sich ergebende Struktur auf den Zellenrechner zu übertragen,
- über eine mögliche Klassifizierung der Konfigurationsformen mit dem Ziel, Gemeinsamkeiten in der Funktionalität zu entdecken, aus denen sich standardmäßige Funktionen und Zusammenhänge ableiten lassen.

3.4. Struktur einer flexiblen Bearbeitungszelle

Bei einer Fertigungszelle in der flexiblen Teilefertigung handelt es sich im allgemeinen um eine *Bearbeitungszelle* /26,29/, nachdem die heute im Einsatz befindlichen flexiblen Fertigungssysteme in der Teilefertigung fast ausnahmslos der spanenden Werkstückbearbeitung dienen /19/. Deswegen soll hier stellvertretend zunächst die Struktur einer beliebigen flexiblen Bearbeitungszelle hinsichtlich ihres Umfangs und ihrer Konfiguration untersucht werden. Die Notwendigkeit zur Strukturierung wird besonders aus der möglichen Komplexität und der Vielzahl von denkbaren Konfigurationsformen deutlich (Bild 7).

Vorausgesetzt bei einer Bearbeitungszelle handelt es sich wirklich um eine Einmaschinenzelle, so befindet sich im Mittelpunkt der allgemeinen Bearbeitungszelle /35/ auf jeden Fall eine einzelne CNC-Werkzeugmaschine oder ein CNC-Zentrum /21/ als *Zellenkern*. Der Zellenrechner kann mit der Maschinensteuerung über eine DNC-Schnittstelle /31/ kommunizieren, um Daten zu übertragen und Steuerungs- bzw. Überwachungsfunktionen wahrzunehmen.

Wird in einer Zelle ein reibungsloser vollautomatischer Betrieb angestrebt, so hängt dies nicht zuletzt von geeigneten Überwachungseinrichtungen ab. Optional kann der Zellenkern deswegen mit einem *Meß- und Überwachungssystem* zur Werkzeugbruch- und Standzeitkontrolle sowie zur Vermessung der Werkstück- und Werkzeuggeometrie ausgerüstet sein. Informationstechnisch werden diese Kontrolleinrichtungen zum Teil von der Maschinensteuerung selbst, aber auch zum Teil vom Zellenrechner versorgt. Dies hängt von der Integrationsfähigkeit, von den Echtzeitanforderungen und vom Steuerungsausbau des Überwachungssystems ab.

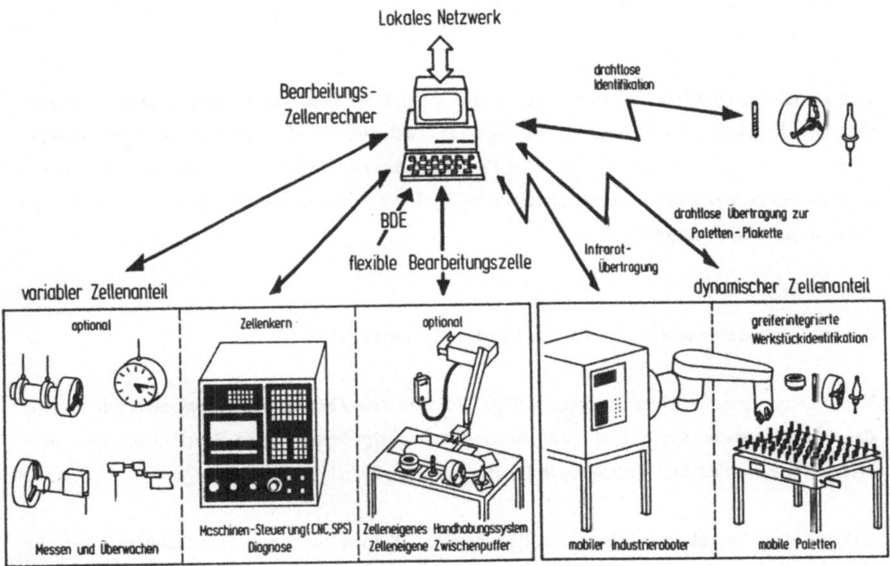

Bild 7: Struktur einer flexiblen Bearbeitungszelle

Zudem kann die Beschickung des Zellenkerns mittels eines *zelleneigenen Handhabungssystems* erfolgen, wozu ein *zelleneigener Speicher* mit der Funktion eines Zwischenpuffers gehört, auf dem die benötigten Handhabungsobjekte (Werkstücke, Werkzeuge, Meßmittel, Spannmittel) bereitliegen; denn ohne Puffer würde die durch das zelleneigene Handhabungssystem angestrebte Autonomie der Zelle wieder verlorengehen. Bei den bisher genannten Einrichtungen handelt es sich um *stationäre Zellenanteile*, auf die der Zellenrechner unmittelbar und unverzüglich zugreifen kann.

Daneben kann die Zelle durch einen zusätzlichen Anteil ihre Größe auch dynamisch ändern. Bei dem *dynamischen Zellenanteil* handelt es sich um Betriebsmittel, die von mehreren Zellen gemeinsam benutzt werden und während ihrer zeitlich begrenzten Zuordnung zur Zelle ausschließlich zum Verantwortungsbereich des betreffenden Zellenrechners gehören. Damit wird der Zeitpunkt, zu dem ein Zugriff auf ein solches Betriebsmittel zustandekommt, zu einem großen Teil von zellenexternen Faktoren abhängig, wobei ein mobiles gemeinsames Betriebsmittel (zum Beispiel ein mobiler Roboter) aufgrund des zusätzlich notwendigen Herantransports eventuell noch länger auf sich warten läßt. Die Kommunikation zwischen mobilen Betriebsmitteln und dem Zellenrechner erfolgt zweckmäßigerweise drahtlos, um eine komplizierte Kabelführung zu vermeiden. Dies hat aber keine Auswirkungen auf die Funktionalität der Kommunikation.

Um gerade im Hinblick auf einen mannarmen Betrieb Schäden zu vermeiden, können außerdem eine Reihe von *Identifikationssystemen* zur rechtzeitigen Objekterkennung beim automatischen Austausch von Werkstücken und Fertigungsmitteln eingesetzt werden. Nachdem allein dem Zellenrechner alle Daten der erwarteten Objekte zur Verfügung stehen, fällt deren Identifikation in seinen Aufgabenbereich.

3.5.   Analogiebetrachtungen für die flexible Montagezelle

Eine Fertigungszelle in der Montage soll als *Montagezelle* /29/ bezeichnet werden. Im folgenden soll untersucht werden, ob sich das Strukturprinzip der flexiblen Bearbeitungszelle problemlos auf die flexible Montagezelle übertragen läßt /36/.

Die Montage besteht aber neben dem Fügeanteil /37/ auch aus einem Handhabungsanteil, der oft sogar eine zeitliche Dominanz aufweist. Wenn zudem beide Anteile auch noch von einem Gerät, zum Beispiel einem Industrieroboter, durchgeführt werden, fallen natürlich beide Anteile funktionell in den Bereich des Zellenkerns.

Bei den Fügeeinrichtungen kann man zwischen *universellen* und *speziellen Fügeeinrichtungen* unterscheiden. Spezielle Fügeeinrichtungen sind nur für eine Fügeart ausgerüstet und nicht in der Lage, die Werkzeug- bzw. Werkstück – Zuführung selbst zu übernehmen. In flexiblen

Montagezellen führt der Weg allerdings zu universellen Montageeinrichtungen, das heißt Industrierobotern /26/, die bezüglich der Fügeart flexibel sind. Deshalb bilden Industrieroboter die zentrale Einrichtung einer jeden flexiblen Montagezelle und können neben den Fügeaufgaben auch Teile des zelleninternen Materialflusses übernehmen.

Betrachtet man den Zellenkern einiger Montagezellen (vgl. Bild 8), so fällt auf, daß dort mehrere Industrieroboter zusammenarbeiten. Damit stellt sich die Frage, ob sich das bisher postulierte Einmaschinenkonzept einer Bearbeitungszelle sinngemäß überhaupt auf die Montagezelle übertragen läßt. Um diese Frage beantworten zu können, ist sicherlich weniger die Zellenkonfiguration als der damit ausgeführte Arbeitsvorgang ausschlaggebend.

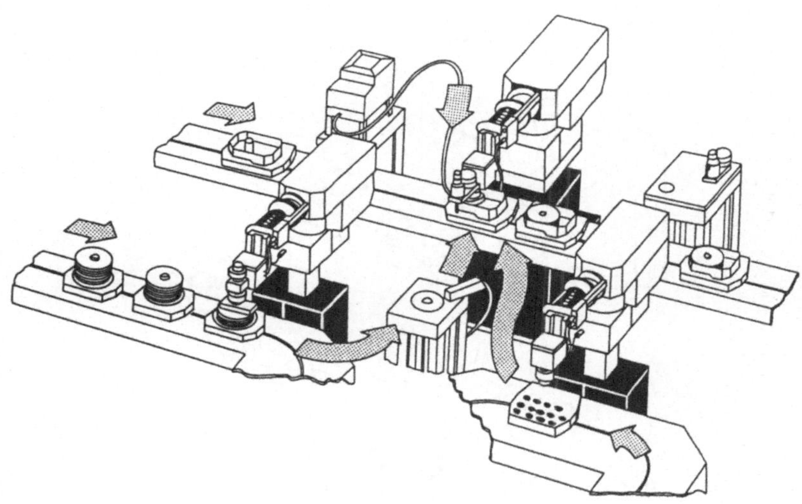

Bild 8: Zelle für die Plattenspeicher-Montage (Werkbild GMF Robotics)

Während in der Bearbeitungszelle die Ausführung eines geschlossenen Arbeitsvorgangs normalerweise auf eine einzige Werkzeugmaschine beschränkt ist, können in der Montagezelle durchaus mehrere Fügekomponenten daran beteiligt sein, ohne daß sich eine weitere Gliederung in autonome Funktionseinheiten finden läßt. Nach REFA /38/ handelt es sich bei einem Arbeitsvorgang um den auf einen Arbeitsplatz bezogenen Ablaufabschnitt im Arbeitsplan. Der Bezug auf einen gemeinsamen Arbeitsplatz soll deswegen auch als Merkmal für den Zellencharakter mehrerer zusammenarbeitender Fügekomponenten dienen.

Als Arbeitsplatz läßt sich die geordnete Bereitstellungsposition /26/ bezeichnen, an der sich
das Werkstück zum Zeitpunkt des Fertigungsvorgangs befindet. Darunter soll jede mögliche
Fixierung des Werkstücks verstanden werden. Während diese Position in der Bearbeitungszelle
meist Bestandteil der Werkzeugmaschine ist, kann sich der Arbeitsplatz in der Montagezelle
(Montageplatz) irgendwo im Arbeitsraum /26/ des Industrieroboters befinden. Die Skala der
Möglichkeiten reicht von einem ortsfesten Montageplatz, an dem das Werkstück fixiert
bereitliegt, bis hin zum Greifer eines anderen Industrieroboters, in dem der eine Fügepartner
bereitgehalten wird. In Bild 9 sind beispielsweise zwei Roboter aktiv an einem Fügevorgang
beteiligt, wobei verallgemeinert der eine zur Führung eines Werkzeugs, der andere zur Bereitstellung des Werkstücks dient; denn jeder Fertigungsprozeß läßt sich auf das Wirkpaar /37/
Werkzeug und Werkstück reduzieren. Folglich gehören beide Roboter zum Zellenkern.

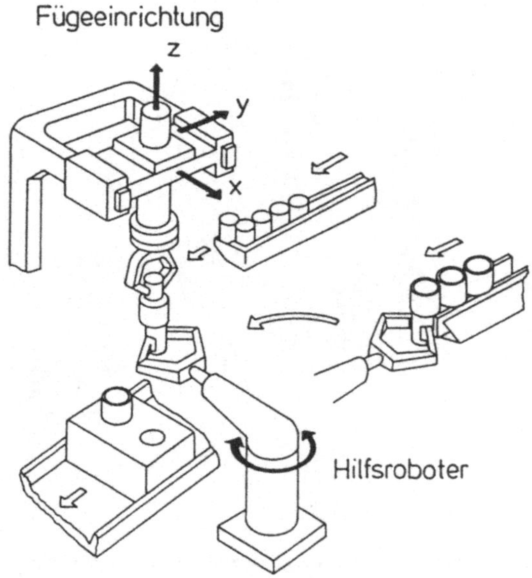

Bild 9: Bolzenfügesystem (Werkbild Hitachi LTD)

Der zu verrichtende Arbeitsvorgang kann selbstverständlich auch auf mehrere Roboter aufge-
teilt sein, solange es bei wirtschaftlicher Ausnutzung der Montagezelle mindestens eine Situation gibt, in der alle beteiligten Industrieroboter an einem Montageplatz gleichzeitig oder
nacheinander Fügevorgänge ausführen. Allgemein ist die Anzahl der in einer Zelle zusammenwirkenden Roboter (Bild 8) alleine durch die dadurch entstehende Behinderung der ein-

zelnen Komponenten und die steigende Kollisionsgefahr begrenzt. Optional können einige Fügevorgänge auch in spezielle Fügeeinrichtungen verlagert werden, deren Beschickung die fügende Handhabungseinrichtung mitübernehmen kann.

Formal läßt sich eine solche verteilte Montagestation als eine einzige Fertigungseinrichtung interpretieren. So läßt sich zum Beispiel der Vergleich mit einer CNC-Drehmaschine anstellen. Dabei weist ein Montageroboter eine Analogie mit dem Revolverschlitten auf, da beide ein Werkzeug zur Wirkstelle /26/ führen und bezüglich des Werkzeugs flexibel sind. Auch der zweite Roboter in Bild 9 läßt sich mit einem Revolverschlitten vergleichen, der eine Bearbeitung an der Werkstückrückseite mit einem Werkzeug des ersten Schlittens ermöglicht. Genauso ist es möglich, daß beide Schlitten jeweils ein Werkzeug zur gleichen Zeit oder nacheinander zum im Spannfutter eingespannten Werkstück führen, um dieses zu bearbeiten. Beiden Fällen ist gemeinsam, daß alle beteiligten Schlitten auf einen gemeinsamen Arbeitsplatz hinarbeiten. Auch für spezielle Fügeeinrichtungen läßt sich ein Analogon in der CNC-Drehmaschine finden. Als Beispiel sei hier die Funktion eines Abstechschlittens genannt.

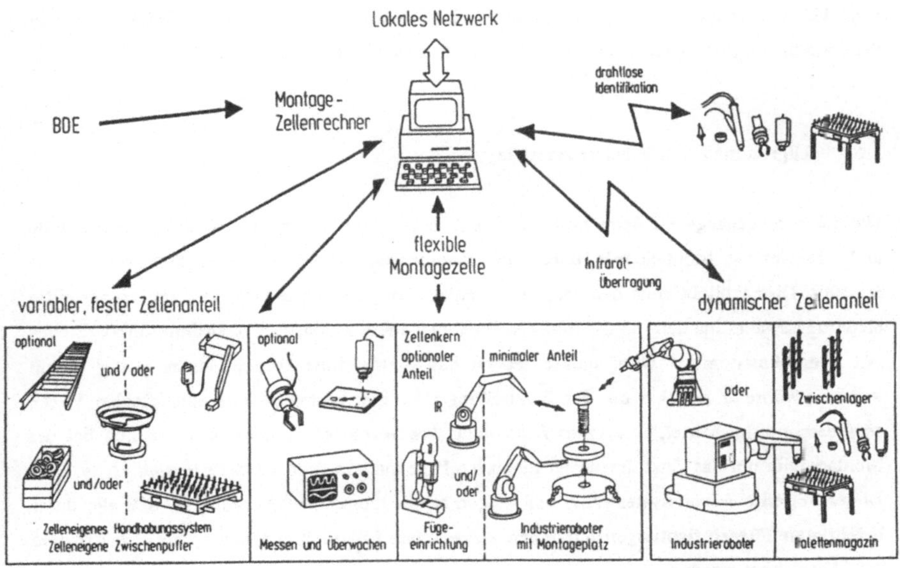

Bild 10: Struktur einer flexiblen Montagezelle

Damit steht fest, daß unter den oben genannten Voraussetzungen keine Konfigurationsform im Zellenkern einer flexiblen Montagezelle (Bild 10) den Zellencharakter verletzt, auch wenn die aus Industrieroboter und dazugehörigem Montageplatz bestehende Minimalkonfiguration durch spezielle und universelle Fügeeinrichtungen ergänzt wird. Alle Komponenten im Zellenkern bilden eine für einen geschlossenen Arbeitsvorgang ausgerichtete Montagestation. Obwohl sich die in einer Montagestation verteilten Einrichtungen funktionell und strukturell mit den Komponenten einer CNC-Werkzeugmaschine vergleichen lassen, ergeben sich doch in Bezug auf die Komplexität und Flexibilität erhebliche Unterschiede. Dies drückt sich auch im Steuerungsaufwand aus. So ist jede Einrichtung durch eine eigene Steuerungskomponente repräsentiert. Die Komplexität der eingesetzten Steuerungen reicht von einfachen Funktionssteuerungen bei speziellen Fügeeinrichtungen, die von einem übergeordneten Rechner meist nur den Startbefehl benötigen und nur wenige Rückmeldesignale zur Verfügung stellen, bis hin zu aufwendigen Steuerungen bei Industrierobotern, die eine voll ausgebaute DNC-Schnittstelle für die Kommunikation mit der Steuerung zur Verfügung stellen.

Die restlichen Zellenmoduln für den zelleninternen Materialfluß, die Qualitätssicherung und die Objektidentifikation sind zwar ebenfalls variantenreicher, sind jedoch in ihrer Struktur mit den Komponenten der flexiblen Bearbeitungszelle vergleichbar. Einziger funktioneller Unterschied besteht darin, daß ein Roboter aus dem dynamischen Zellenanteil (Bild 10) neben der Handhabung durchaus auch einen Fügeanteil in der Zelle leisten kann.

3.6.   Allgemeine flexible Fertigungszelle

Wie die vorangegangenen Betrachtungen gezeigt haben, besitzen die flexible Bearbeitungszelle und die flexible Montagezelle unter informationstechnischen Gesichtpunkten die gleiche Struktur. Dies schließt auch den Montagezellenkern ein, obwohl es sich dort um ein verteiltes Steuerungssystem handelt, so daß der Zellenrechner die dort nötigen Koordinierungsaufgaben mit übernehmen muß. Dazu mußte jedoch das Einmaschinenkonzept etwas weiter gefaßt werden. Während nämlich bei der Bearbeitungszelle normalerweise nur eine einzige Werkzeugmaschine im Mittelpunkt einer Zelle steht (*konzentriertes System*), kann es sich bei der Montagezelle um das Zusammenspiel mehrerer Fügekomponenten handeln (*verteiltes System*). Dieses verteilte Arbeitssystem /39/ soll wegen seiner räumlichen Anordnung, daß alle daran beteiligten Fügeeinrichtungen auf einen Arbeitsplatz hinarbeiten können, als *Arbeitsstation* /39/ bezeichnet werden.

Wie schon darauf hingewiesen handelt es sich in aller Regel bei einer Bearbeitungszelle um eine Einmaschinenzelle. Jede Bestrebung zur Entkopplung soll jedoch trotz des postulierten Einmaschinenkonzepts nicht in Widerspruch zu dem eigentlichen Ziel geraten, nämlich nur soweit, wie es sinnvoll ist, in kleine autarke Funktionseinheiten zu strukturieren. Deshalb kann man sich durchaus eine Bearbeitungszelle vorstellen, bei der mehr als eine Werkzeugmaschine im Zellenkern steht, da jede weitere Gliederung nicht mehr zu autarken Teilsystemen führt. Damit bleibt allerdings die Frage offen, unter welchen Voraussetzungen sich eine solche Zelle trotzdem problemlos in das auf eine Arbeitsstation verallgemeinerte Einmaschinenkonzept einfügen läßt.

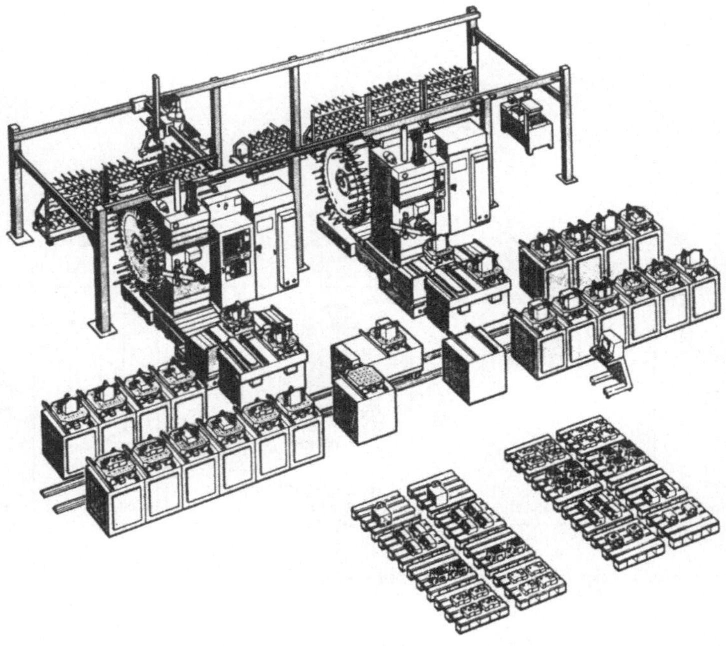

Bild 11: Flexible Duplexzelle DFZ 630 (Werkbild DIAG)

Die zur 'Duplex-Zelle' /27/ verschmolzenen beiden Bearbeitungszentren präsentieren sich aufgrund ihres zelleninternen Materialflusses als Einheit (Bild 11). Würden sich die beiden Maschinen ergänzen, so müßte aufgrund der in Kapitel 2.2. aufgestellten Anforderungen an die Struktur eines flexiblen Fertigungssystems eine weitergehende Entkopplung im Materialfluß sowie im Informationsfluß angestrebt werden, um eine Verbesserung der Verfügbarkeit zu erreichen. Bei der 'Duplex-Zelle' handelt es sich aber um ein sich voll ersetzendes System, das eine wesentlich höhere Verfügbarkeit besitzt als sich ergänzende Systeme /10/ und deswegen keine weitere Entkopplung erforderlich macht. Aus diesem Grund braucht auch die Informationsstruktur die Funktionseinheit nicht aufzubrechen und kann unter die Führung eines Zellenrechners gestellt werden. Auch formal gerät eine solche Zelle nicht mit dem Konzept einer Arbeitsstation in Konflikt. Es ist nämlich in diesem Fall ohne weiteres möglich, den Zellenkern auf ein einzelnes Bearbeitungszentrum zu reduzieren, dessen Kapazität lediglich verdoppelt worden ist, wobei gleichzeitig eine redundante Struktur entstanden ist.

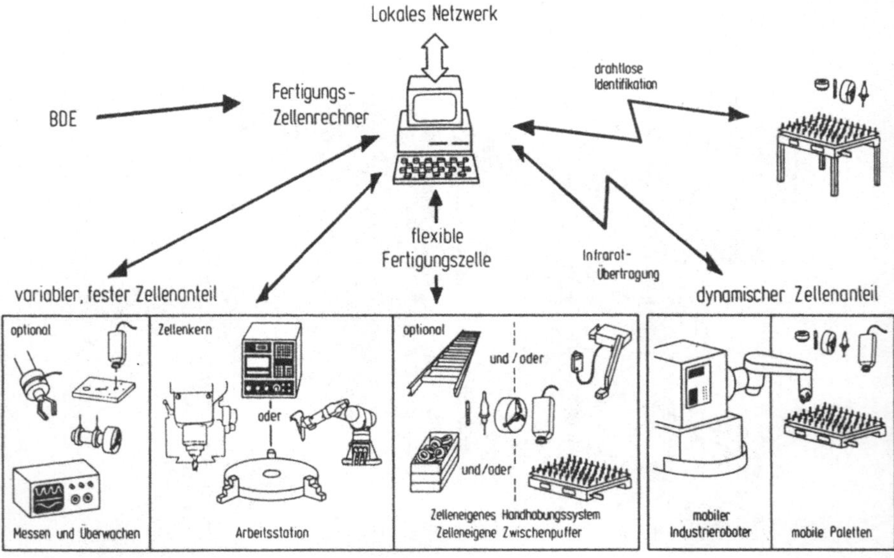

Bild 12: Struktur einer allgemeinen flexiblen Fertigungszelle

Damit können letzendlich alle informationstechnischen Unterscheidungen zwischen flexiblen Bearbeitungszellen und flexiblen Montagezellen entfallen und der Begriff der *allgemeinen flexiblen Fertigungszelle* (Bild 12) an deren Stelle treten, für die im Sinne des verallgemeinerten Einmaschinenkonzepts folgende Definition gilt:

Bei einer allgemeinen flexiblen Fertigungszelle handelt es sich um eine rechnergeführte Arbeitsstation in verteilter oder konzentrierter Struktur und ihrer zugeordneten Peripherie mit Überwachungseinrichtungen und Einrichtungen zur Bereitstellung und Zuführung von Werkstücken und Fertigungsmitteln und zur Verkettung mit anderen Zellen.

Diese Strukturierung soll als Basis für die modulare Entwicklung eines universellen Fertigungszellenrechners dienen. Im folgenden soll die Einordnung dieses Zellenrechners in den ihn umgebenden horizontalen und vertikalen Informationsfluß betrachtet werden.

3.7. Horizontale Informationsstruktur der Zellenrechnerebene

Das in Bild 13 dargestellte System zur flexiblen Teilefertigung ist am Institut für Werkzeugmaschinen und Betriebswissenschaften der Technischen Universität München (iwb) realisiert worden /35/ und zeigt das deutliche Gewicht der horizontalen Informationsstruktur in der Zellenrechnerebene bei konsequenter Verwirklichung des Zellengedankens. Es wurde dabei eine Werkstattfertigung für die Bearbeitung rotationssymmetrischer bzw. einfacher prismatischer Teile flexibel automatisiert. Bei den eingesetzten CNC-Maschinen handelt es sich um ein Sägezentrum, zwei Drehmaschinen und ein Bearbeitungszentrum. Als Transportsystem für Palettenmagazine dient ein induktiv geführtes Flurfördersystem. Die Maschinenbeschickung erfolgt mit einem mobilen Roboter. Zur Entkopplung im Materialfluß und Informationsfluß wird die natürliche Aufteilung auf mehrere Maschinen bei der mehrstufigen Fertigung eines Werkstattauftrags ausgenutzt.

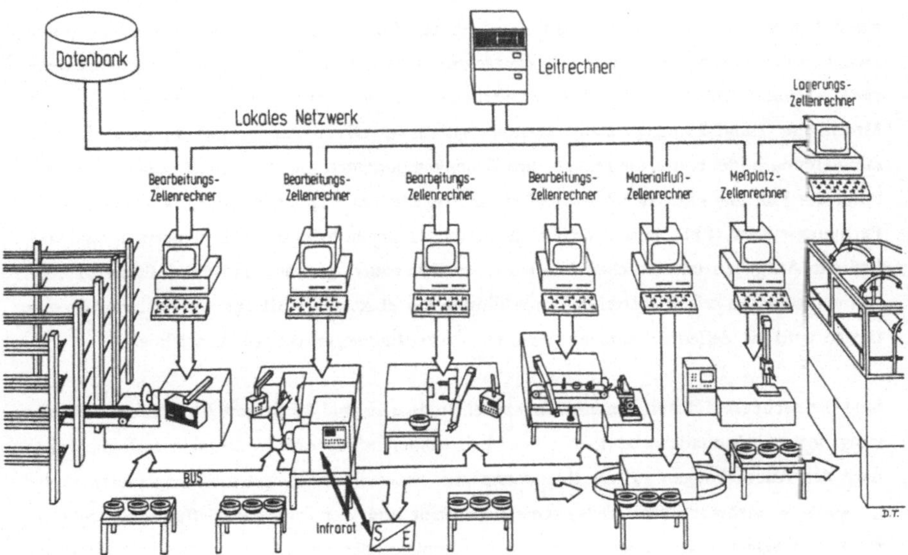

Bild 13: Informationsfluß im flexiblen Fertigungssystem

Neben den als Einmaschinenzellen ausgelegten flexiblen Bearbeitungszellen wird auch für den Materialfluß selbst, der die Bearbeitungszellen miteinander verketten soll, ein eigener Zellenrechner eingeführt (vgl. Kapitel 4), so daß auch im Informationsfluß ein Strukturelement für die Kopplung mehrerer Zellen existiert, völlig analog den materialflußtechnischen Überlegungen. Ebenso sollen auch die restlichen Funktionsbausteine im flexiblen Fertigungssystem wie zum Beispiel Lager, Meßplatz und Rüstplatz unter die Führung einzelner dafür verantwortlicher Zellenrechner gestellt werden. Auf diese Weise läßt sich eine echte rechnergestützte Parallelverarbeitung auf Zellenebene verwirklichen. Der dadurch entstehende Synchronisationsaufwand bestimmt den horizontalen Informationsfluß. Deswegen hängen die Zellenrechner an einem lokalen Netz, um nicht nur in der Lage zu sein, netzförmig mit dem übergeordneten Leitrechner und einer logisch zentralen Datenbank /13/ zu kommunizieren, sondern auch miteinander.

3.8. Die Zellenrechnerebene als Hierarchieebene des vertikalen Informationsflusses

Wenn auch in der Netzstruktur nicht mehr die traditionellen sternförmigen Punkt-zu-Punkt-Verbindungen für die Pyramidenform im vertikalen Informationsfluß verantwortlich sind, so bleibt diese Form dennoch allein durch die Aufgabenverteilung bedingt erhalten. Dafür sorgt die Zellenrechnerebene, die sich mit einer exakten Aufgabentrennung nach oben und unten zwischen die untere Ebene, die *Steuerungsebene*, und die obere Ebene, die *Produktionsleitebene*, schiebt (Bild 14). Die Steuerungsebene setzt sich aus sämtlichen Steuerungen von Maschinen, Handhabungsgeräten, Transportsystemen, Überwachungseinrichtungen etc. zusammen und bildet damit die Menge aller Zellenkomponenten, die funktional zusammengefaßt unter der Führung einzelner Zellenrechner stehen. Der Leitrechner ist für das gesamte flexible Fertigungssystem (FFS) verantwortlich. Er nimmt deswegen hauptsächlich planerische und statistische Aufgaben im zeitlichen Umfeld eines Zellenauftrags wahr und überläßt der Zellenrechnerebene die echtzeitgerechte Durchführung der einzelnen Aufträge vor Ort. Aus diesem Grund wird die Zellenrechnerebene auch mit *Prozeßführungsebene* /40/ bezeichnet.

Sind die rechnergeführten Einmaschinenzellen in dem in Bild 13 dargestellten flexiblen Fertigungssystem informationstechnisch einem Leitrechner untergeordnet, so stellt sich die Frage nach den Auswirkungen auf die Rechnerstruktur, wenn in einem weitaus komplexeren Fertigungssystem mehrere solche Teilsysteme angesiedelt sind, der Informationsfluß aber trotzdem in einen einzigen Leitrechner an der Hierarchiespitze münden soll. Ein zentraler Leitrechner für alle Teilsysteme könnte nicht nur in seiner Leistungsfähigkeit überfordert sein, sondern würde auch allen Bestrebungen nach Entkopplung durch Ausnutzung natürlicher Strukturen entgegenwirken, da darunter die Überschaubarkeit für den Anwender und die Verfügbarkeit leiden würde. Deshalb ist es denkbar, je nach Größe des Systems optional zwischen Zellenrechnerebene und Leitrechnerebene zusätzlich Zwischenebenen als Trichtermündung einzuführen, die eine hierarchische Gliederung des Informationsflusses bewirken. Damit können neben der Zellenrechnerebene in die Prozeßführungsebene optional Zwischenebenen zur Entlastung des Leitrechners eingeschoben werden, so daß die informationstechnisch überschaubare Realisierung beliebig großer flexibler Fertigungssysteme mit einer entsprechenden Anzahl an Zwischenrechnern auf gleicher horizontaler Ebene oder auf vertikal gestaffelten Ebenen vorstellbar wird.

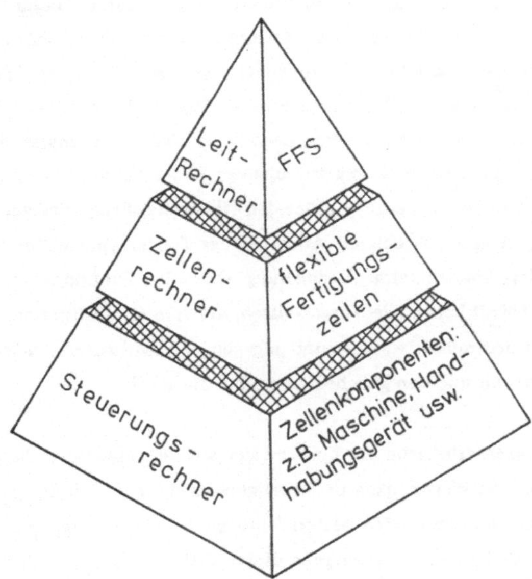

Bild 14: Rechnerhierarchie im flexiblen Fertigungssystem

4. Aufgaben einer eigenständigen Materialflußzelle im Informations- und Materialfluß flexibler Fertigungssysteme

4.1. Einführung der flexiblen Materialflußzelle zur strukturellen Komplettierung

Soll ausgehend von der allgemeinen flexiblen Fertigungszelle das Zellenkonzept zur Strukturierung der gesamten Werkstattebene herangezogen werden, so müssen folglich auch Steuerungen von Meß- und Prüfplätzen /41/ und Lager /42/ unter die Führung von Zellenrechnern gestellt werden. Wie das Studium der einschlägigen Fachliteratur zeigt, kann bei dieser Strukturierung jedoch leicht übersehen werden, daß auch zur Steuerung des zellenübergreifenden Materialflusses Prozeßführungsaufgaben anfallen, die sinnvollerweise ebenfalls in der Zellenebene ausgeführt werden sollen. Deswegen soll die konsequente Weiterführung des Zellengedankens nicht bei *stationären Zellen* haltmachen, sondern auch für die zunächst schwer einzugrenzende Materialflußzelle gelten. Durch diese Komplettierung der Zellenrechnerebene wird die in Kapitel 3.8. geforderte eindeutige Abgrenzung unter den Hierarchieebenen des vertikalen Informationsflusses endgültig erreicht, so daß alle Aufgaben der Zellenrechnerebene auch dort ausnahmslos erledigt werden können ohne Auslagerung spezieller Funktionen in unter- oder übergeordnete Ebenen. Damit haben alle Vorgabedaten, die vom Leitrechner an untergeordnete Rechnerkomponenten übermittelt werden, und alle von dort zurückgemeldeten Betriebsdaten den gleichen Zeithorizont und den gleichen Abstraktionsgrad.

Die Funktionen einer Materialflußzelle beschränken sich auf den Transport, die Lagerung und die Handhabung /43,44/ von Werkstücken und Fertigungsmitteln. Es handelt sich dabei ausschließlich um den zellenübergreifenden Materialfluß als verbindendes Strukturelement bei der Verkettung stationärer Zellen. Hauptaufgabe dieser Zelle ist deswegen der Transport im Unterschied zum zelleninternen Materialfluß der stationären Zellen, wo die Handhabung im Mittelpunkt steht; denn unter dem Begriff der Handhabung sind die Vorgänge zu verstehen, die den Materialfluß im Aktionsbereich des Arbeitsplatzes oder der Fertigungseinrichtung betreffen /26/.

Der Umfang der Materialflußzelle wird durch die Anzahl der stationären Zellen bestimmt, die von dieser Zelle ver- und entsorgt werden. Wieviele und welche Zellen das sind, hängt von der Struktur des Fertigungssystems ab, genau genommen von der der Zellenrechnerebene direkt übergeordneten Hierarchieebene. Es kann sich dabei um die Leitrechnerebene oder eine Zwischenhierarchiestufe handeln. Der Einfachheit halber wird im folgenden immer von der Leitrechnerebene gesprochen. Auf alle Fälle bildet das zellenübergreifende System eine sinnvolle,

in sich abgeschlossene Einheit, und der zellenexterne Materialfluß in diesem System die
Materialflußzelle. Folglich deckt sich bezüglich der räumlichen Ausdehnung der Verantwortungsbereich des Materialflußzellenrechners mit dem des übergeordneten Leitrechners, so daß
der Materialflußzellenrechner den Leitrechner bei einem Ausfall zumindestens in seinen wichtigsten Funktionen ersetzen kann. Damit wird durch die Einrichtung des Materialflußzellenrechners im Informationsfluß eines flexiblen Fertigungssystems eine für die Gesamtverfügbarkeit wesentliche Redundanz geschaffen.

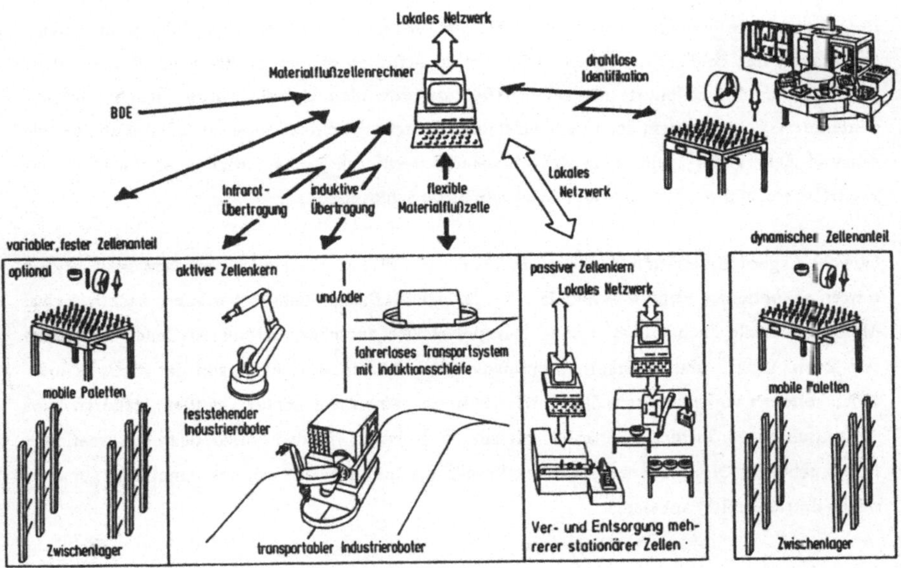

Bild 15: Struktur einer flexiblen Materialflußzelle

4.2. Struktur einer flexiblen Materialflußzelle

Das grobe Strukturprinzip einer flexiblen Fertigungszelle kann auf die flexible Materialflußzelle (Bild 15) übertragen werden; denn dort gibt es ebenfalls einen Zellenkern, der optional
erweitert werden kann, und einen dynamischen Zellenanteil mit Komponenten, die gemeinsam
von den verketteten stationären Zellen und dem zellenübergreifenden Materialfluß benutzt
werden.

Den Zellenkern bilden zunächst einmal alle in der Zelle eingesetzten flexiblen Handhabungs-
und Transporteinrichtungen. Bild 15 zeigt als flexible Handhabungseinrichtung einen Industrieroboter, als flexible Transporteinrichtung ein fahrerloses Transportsystem und einen mobilen
Roboter als Kombination aus beiden Komponenten. Wie bei der flexiblen Fertigungszelle sind
alle Komponenten des Zellenkerns permanente Bestandteile der Zelle. Bilden die
Handhabungs- und Transporteinrichtungen den aktiven Zellenkern, so müssen natürlich auch
die vom Materialfluß bedienten stationären Zellen als passiver Anteil miteinbezogen werden,
nicht nur weil der passive Anteil den Umfang der Zelle bestimmt, sondern auch wegen des in-
tensiven Zusammenwirkens zwischen aktivem und passivm Anteil. Jeder Zugriff der Materialflußzelle auf die Speicherkomponente einer stationären Zelle macht zum Beispiel eine Syn-
chronsation der beiden beteiligten Zellenrechner erforderlich, um Kollisionen zwischen dem
zelleninternen und zellenexternen Materialfluß zu vermeiden. Dabei wird die Speicherkomponente kurzfristig zu einem gemeinsamen Betriebsmittel, obwohl sie sonst ausschließlich zur stationären Zelle gehört. Dies kann sich informationstechnisch jedoch lediglich in einer höheren
Zugriffsberechtigung für die stationäre Zelle niederschlagen.

Obwohl Lagern Bestandteil des Materialflusses ist /44/, sollen Lager- und Speichereinrichtungen als optionale Funktionsmodule einer Materialflußzelle betrachtet werden, nachdem eine
Materialflußzelle auch nur als reiner Transportservice zwischen stationären Zellen eingesetzt
sein kann. Lager- und Speichereinrichtungen, die nicht ausschließlich von der Materialflußzelle, sondern von mehreren Zellen wechselweise gemeinsam benutzt werden, gehören zum
dynamisch zugeordneten Zellenanteil mit allen sich daraus für den horizontalen Informationsfluß ergebenden Konsequenzen, was den Synchronisationsaufwand bei der Benutzung gemeinsamer Betriebsmittel anbelangt.

4.3. Aufgabenverteilung zwischen Materialflußzellenrechner und Leitrechner im horizonta-
len und vertikalen Informationsfluß

Folge der strukturellen Entkopplung ist eine parallele Informationsverarbeitung auf der
Zellenrechnerebene. Zwischen parallelen Prozessen sind aber in aller Regel Synchronisationsmechanismen erforderlich, um eine geordnete Zusammenarbeit zu ermöglichen. Dabei lassen
sich folgende Synchronisationsarten unterscheiden /45/:
- der *gegenseitige Ausschluß* beim Zugriff auf eine Hardware- oder Softwareeinheit, die von
  mehreren Prozessen gemeinsam benützt wird, und

- die *synchrone Abhängigkeit* mehrerer Prozesse.

Ein Teil der Synchronisationsaufgaben wird der Zellenrechnerebene durch die übergeordnete Ablaufsteuerung im Leitrechner abgenommen. Es handelt sich dabei um die sinnvolle Verteilung und Freigabe der Zellenaufträge, so daß beim regulären Betrieb möglichst wenig Abhängigkeiten zwischen den Zellen entstehen (*funktionale Entkopplung*). Ansonsten ist im störungsfreien Betrieb kein weiterer Eingriff während der Laufzeit erforderlich, so daß sich die Synchronisation zwischen Leitrechner und Zellenrechnern auf die Übermittlung einer hinsichtlich Größe und Einsatzzeitpunkt richtig bemessenen Vorgabeeinheit (*Auftragspaket*) und auf die Quittung nach deren Ausführung beschränkt.

Eine funktionale Entkopplung ergibt sich dann, wenn die Zahl der gemeinsamen Betriebsmittel, die mehrere Zellen in einer Fertigungsperiode gleichzeitig benützen müssen, minimiert wird. Sind solche Überschneidungen auch bei *auftragsgebundenen Betriebsmitteln* (zum Beispiel Werkzeuge), die also für die Dauer eines ganzen Zellenauftrags benötigt werden, durch eine vernünftige Planung auszuschließen, so wird es jedoch immer während einer Fertigungsperiode Zugriffe auf gemeinsame Betriebsmittel geben.

Permanent gemeinsame Betriebsmittel wie zum Beispiel ein mobiler Roboter werden meist aus wirtschaftlichen Gründen bewußt zellenübergreifend eingesetzt und dienen in der Regel jeder Zelle nur für die Dauer weniger Funktionen (*funktionsgebundene Betriebsmittel*). Bei *temporär gemeinsamen Betriebsmitteln* handelt es sich dagegen um feste Bestandteile stationärer Zellen, auf die jedoch unter Umständen auch eine andere Zelle zugreifen kann. Zu diesem Zweck werden diese Betriebsmittel lediglich zeitlich beschränkt zu gemeinsamen Betriebsmitteln. Daß der zellenexterne Materialfluß während einer Fertigungsperiode mehrfach auf Betriebsmittel der zu bedienenden stationären Zellen zugreift, ist unumgänglich, weil es ebenfalls aus wirtschaftlichen Gründen nicht möglich ist, den über die gesamte Fertigungsperiode benötigten Bedarf an Fertigungsmitteln und Material in einer Zelle bereitzustellen. Da solche Zugriffe völlig parallel zur Auftragsbearbeitung in diesen Zellen eingeleitet wird, wird zur Synchronisation auf der Zellenrechnerebene ein reger horizontaler Informationsfluß stattfinden, der sich allerdings auf die Kommunikation zwischen Materialflußzellenrechner und den Zellenrechnern der stationären Zellen beschränkt. Eine unmittelbare Kommunikation zwischen zwei stationären Zellen läßt sich durch die materialflußtechnische Realisierung meist vermeiden, kann jedoch nicht ausgeschlossen werden. Denkbar ist dies beispielsweise bei einem gemeinsamen Speicher zwischen zwei stationären Zellen (permanent gemeinsames Betriebsmittel) oder der direkten Weitergabe eines Werkstücks aus dem zelleninternen Materialfluß auf den Speicher einer Nachbarzelle (temporär gemeinsames Betriebsmittel).

Synchronisation beim Zugriff auf temporär gemeinsame Betriebsmittel:

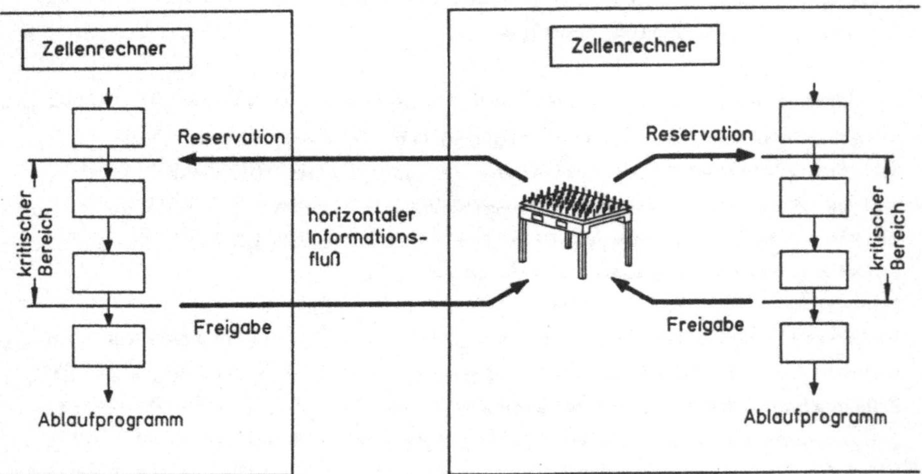

Bild 16: Synchronisation beim Zugriff auf temporär gemeinsame Betriebsmittel

Bild 16 zeigt die Synchronisation beim Zugriff auf ein temporär gemeinsames Betriebsmittel, das fest einer stationären Zelle zugeordnet ist und deshalb auch von dem dazugehörigen Zellenrechner verwaltet wird. Da aber neben diesem Zellenrechner noch ein anderer Zellenrechner auf dieses Betriebsmittel zugreifen kann, besteht Kollisionsgefahr bei einem gleichzeitigen Zugriff. Deswegen bildet jeder Arbeitsschritt, der auf dieses Betriebsmittel zugreift, einen kritischen Bereich im Ablaufprogramm des jeweiligen Rechners. Dabei ist es egal, ob der Zellenrechner, der das Betriebsmittel verwaltet, selbst zugreifen möchte oder ein anderer Zellenrechner. Um sicher zu stellen, daß der Zugriff exklusiv erfolgt, wird das Betriebsmittel rechnerunabhängig jeweils vor einem kritischen Bereich *reserviert* beziehungsweise nach einem kritischen Bereich wieder *freigegeben*. Kann die Reservation nicht sofort erfolgen, muß der zugriffswillige Rechner vor Eintritt in den kritischen Bereich solange warten, bis das Betriebsmittel wieder freigegeben ist. Die Verwaltung eines temporär gemeinsamen Betriebsmittels übernimmt natürlich der dafür verantwortliche Zellenrechner, so daß ein anderer zugriffsberechtigter Zellenrechner das Betriebsmittel nicht unmittelbar reservieren und freigeben kann, sondern diese Dienste über den horizontalen Informationsfluß beim zuständigen Zellen-rechner in Anspruch nehmen muß.

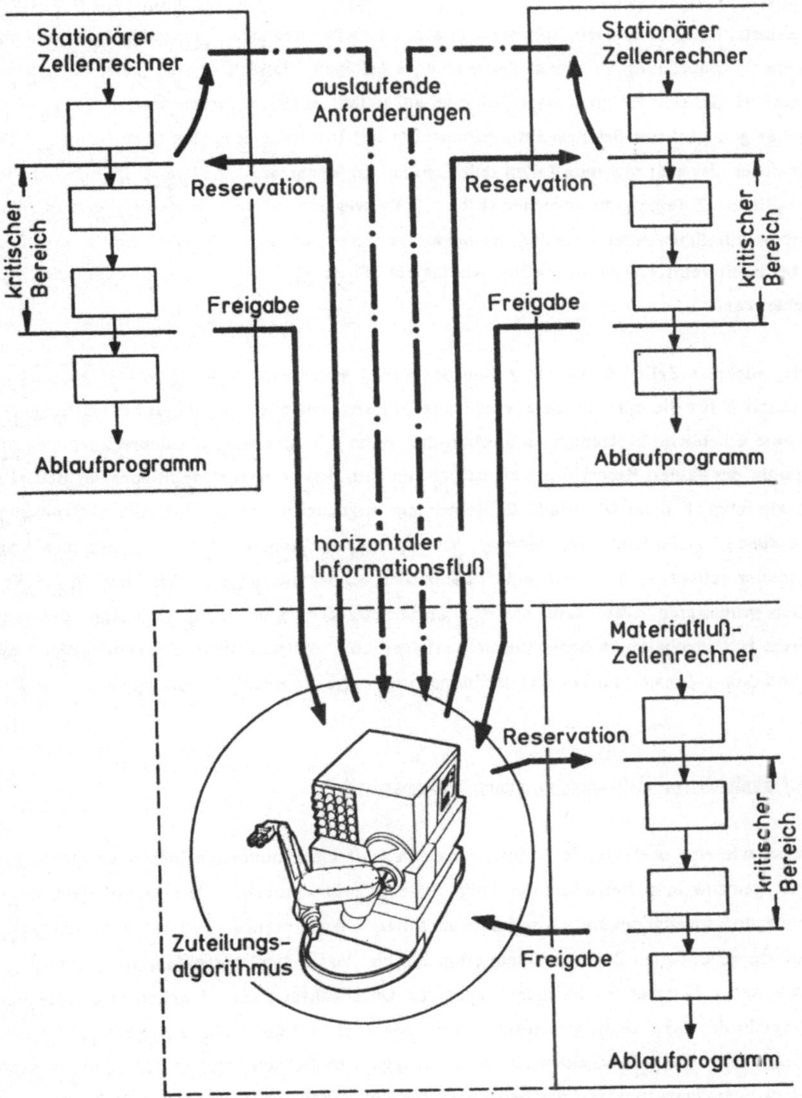

Bild 17: Synchronisation beim Zugriff auf permanent gemeinsame Betriebsmittel

<u>Synchronisation beim Zugriff auf permanent gemeinsame Betriebsmittel:</u>

Ein permanent gemeinsames Betriebsmittel ist dagegen nicht ohne weiteres einem bestimmten Zellenrechner zuzuordnen. Um nicht ein eigenes Verwaltungsprogramm für solche Betriebsmittel installieren zu müssen, soll der Einfachheit halber dennoch verwaltungstechnisch eine permanente Zuordnung zu einem Zellenrechner erfolgen. Handelt es sich dabei um ein Betriebsmittel, das sich lediglich zwei Zellen teilen, so läßt es sich informationstechnisch wie ein temporär gemeinsames Betriebsmittel behandeln (Bild 16). Handelt es sich dagegen um ein Betriebsmittel, das sich mehrere Zellen teilen, so ist ein wenig mehr Aufwand erforderlich, um eine optimale Zuteilung zu erreichen (Bild 17). Deswegen wird ein solches Betriebsmittel vom Materialflußzellenrechner verwaltet, nachdem dieser systemweiten Überblick besitzt und folglich bei mehreren Reservierungswünschen das Betriebsmittel in der richtigen Reihenfolge weitergeben kann.

Melden mehrere Zellen Bedarf an einem permanent gemeinsamen Betriebsmittel an, so kann dies nämlich für die einzelne Zelle eine lange Wartezeit bedeuten und damit bei häufigem Bedarf eine erhebliche Nutzungsverschlechterung, wenn der Materialflußzellenrechner erst zum Zeitpunkt des akuten Reservierungswunsches von dem Bedarf erfährt. Wird aber der Bedarf so früh wie möglich beim Materialflußzellenrechner angekündigt durch eine vom Zellenrechner *(nach außen) auslaufende Anforderung*, die eine genaue Angabe über Zeitpunkt und Belegungsdauer enthält, so kann der Materialflußzellenrechner durch geschickte Planung die Wartezeiten minimieren. Dazu kann ein dort installierter Strategienkatalog verhelfen, der unter anderem festeinzuhaltende Bedienungsreihenfolgen und unterschiedliche Zellenprioritäten enthält und dessen Inhalt vom Leitrechner immer wieder an die aktuelle Situation anpaßt wird.

<u>Bedarfsabgleich von auftragsgebundenen Betriebsmitteln:</u>

Genauso wie eine auslaufende Anforderung den funktionsgebundenen Bedarf an einem permanent gemeinsamen Betriebsmittel beim Materialflußzellenrechner bereits vor dem akuten Reservierungswunsch ankündigt, soll eine auslaufende Anforderung (Bild 18) auch den Bedarf an auftragsgebundenen Betriebsmitteln (zum Beispiel Werkzeuge) anmelden, die sich noch außerhalb der Zellengrenzen befinden, aber zur Durchführung des aktuellen oder folgenden Auftrags in der Zelle benötigt werden. Da der Materialflußzellenrechner genau über die Auftragsfolge jeder Zelle Bescheid weiß, ist er im regulären Betrieb zwar in der Lage, aufgrund seiner eigenen Berechnungen die benötigten Betriebsmittel unaufgefordert zu bringen. Durch zeitliche Verschiebungen, die aufgrund von Optimierungsvorgängen in den einzelnen Zellen,

aber auch aufgrund von Störungen entstehen, wird jedoch immer wieder eine ausgleichende
Nachregulierung im zellenübergreifenden Materialfluß notwendig, die sich aus den genauen
Zeitangaben aller auslaufenden Anforderungen ergibt.

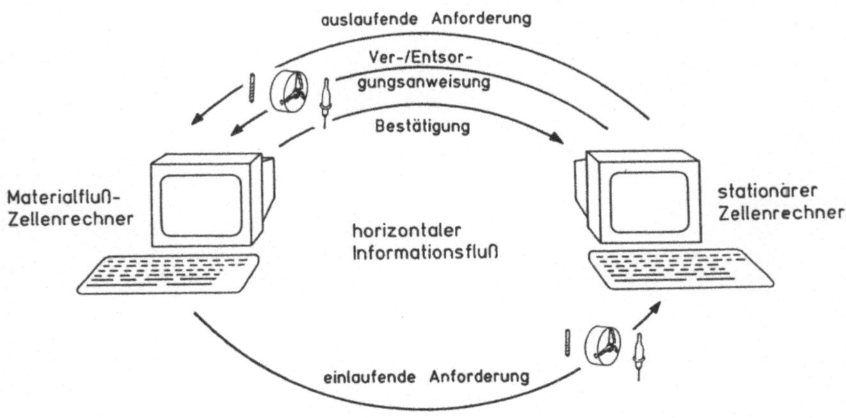

Bild 18: Bedarfsabgleich von auftragsgebundenen Betriebsmitteln

Außerdem dienen auslaufende Anforderungen nicht nur der Ankündigung einer erforderlichen Betriebsmittelversorgung, sondern auch der rechtzeitigen Ankündigung einer erforderlichen Entsorgung von im Moment nicht benötigten Betriebsmitteln, deren freie Speicherplätze
zum Beispiel zum Rangieren gebraucht werden. Der anfordernde Zellenrechner schickt dann
die entsprechende *Versorgungs- bzw. Entsorgungsanweisung* an den Materialflußzellenrechner,
so daß dieser seine Aktivitäten darauf synchronisieren kann. Das geschieht an der Programmstelle, wo der Bedarf akut wird. Der anfordernde Zellenrechner muß dann auf die *Bestätigung*
durch den Materialflußzellenrechner warten, daß die Ver- bzw. Entsorgung der Zelle abgeschlossen ist (Bild 18). Im Gegensatz zu den gemeinsamen Betriebsmitteln müssen angelieferte
auftragsgebundene Betriebsmittel mit keiner anderen Zelle geteilt werden, so daß der Zellenrechner jeder Zeit auf diese Betriebsmittel ohne Synchronisationsmechanismen des gegenseitigen Ausschlusses zugreifen kann. Allerdings kann ein gegenseitiger Ausschluß notwendig werden im Moment der Anlieferung der auftragsgebundenen Betriebsmittel, wenn damit temporär
gemeinsame Speicherplätze bestückt werden.

Umgekehrt kann der Materialflußzellenrechner einem Zellenrechner durch dort *(von außen)*
einlaufende Anforderungen (Bild 18) seinen Bedarf an Betriebsmitteln anmelden. Es handelt

sich dabei um Betriebsmittel, die bereits an Aufträge anderer Zellen gebunden sind, sich aber nicht benötigterweise im Moment noch in der betreffenden Zelle auf Speicherplätzen befinden, die für den zellenexternen Materialfluß unzugänglich sind. Deswegen muß der Zellenrechner dafür sorgen, daß diese Betriebsmittel durch den zelleninternen Materialfluß an zugängliche Speicherplätze gebracht werden.

5.   Aufgabenspektrum eines universellen Fertigungs-Zellenrechners

5.1.   Übersicht

Aus Mangel an Veröffentlichungen über Montagezellenrechner, bei denen mehr als nur die Funktion einer reinen Ablaufsteuerung (Lösungen mit speicherprogrammierten Steuerungen /46,47/) realisiert ist, lassen sich nur aus einigen veröffentlichten Beschreibungen industrieller Bearbeitungszellenrechner /21,27,30,34/ alle dort realisierten Aufgaben zusammentragen, um sie auf Brauchbarkeit für die allgemeine Fertigungszelle in der hier zugrundeliegenden Struktur zu prüfen und eventuell dementsprechend zu ergänzen. Dabei fällt auf, daß die Vorstellungen über das grobe Aufgabenspektrum eines Zellenrechners einheitlich sind. Außerdem sind die dort aufgezählten Aufgaben meist so umfassend und allgemeingültig, daß sie sicherlich auf alle in der flexiblen Fertigung eingesetzten Rechner zutreffen – eingeschlossen dem Zellenrechner einer allgemeinen flexiblen Fertigungszelle. Es handelt sich dabei im wesentlichen um folgende Aufgaben:

- Steuerung und Überwachung aller Zellenkomponenten,
- Versorgung der Steuerungen mit Programmen,
- Steuerung und Überwachung des zelleninternen Materialflusses,
- Überwachung der Fertigungsqualität,
- zentrale Diagnose von Ausfällen und Störungen,
- Betriebsdatenerfassung und Führen eines Systemabbilds,
- Einplanung von Aufträgen,
- Verwaltung der Zellendaten (Aufträge, Konfiguration, Betriebsmittel),
- Bedarfsermittlung an Betriebsmitteln,
- werkstattgerechter Bedienerdialog,
- Kommunikation mit anderen Rechnern.

Wie die nächsten Kapitel zeigen werden, ergeben sich jedoch im einzelnen eine Reihe neuer Teilaufgaben einerseits aufgrund des hier erstmals an die Zellenrechnersoftware erhobenen Anspruchs, daß sie sich universell in jeder beliebigen Fertigungszelle ohne Einschränkungen einsetzen läßt und dort zugleich eine deutliche Nutzungsverbesserung gegenüber bisherigen Lösungen bieten soll, und andererseits aufgrund der informationstechnischen Einbindung in ein durchgängiges Gesamtkonzept. Die universelle Einsetzbarkeit der Software bedeutet dabei Unabhängigkeit sowohl von der Zellenkonfiguration als auch von dem durch den Zellenauftrag bestimmten Ablauf innerhalb einer gegebenen Konfiguration.

5.2.   Kernaufgaben eines universellen Fertigungszellenrechners

Die *Kernaufgaben* des Zellenrechners sind allgemeingültig; sie sollen deshalb in einem
auftrags- und konfigurationsneutralen Software-Strukturgerüst, dem *Zellenrechnerkern*, realisiert werden (Universalität), in das die konkreten Dienstleistungsmoduln eingehängt werden.
Dadurch soll es auf einfache Weise möglich sein, auch nachträglich noch den Zellenrechner
um zusätzliche Funktionen zu ergänzen (Adaptibilität). In Anlehnung an die für Rechenanla-
gen übliche Nomenklatur /48/ soll die Zellenrechnersoftware als *Systemprogramm* bezeichnet
werden, nachdem dort, wie in Kapitel 7 gezeigt wird, *Anwenderprogramme* zum Laufen gebracht werden sollen. Das *Zellenrechner-Systemprogramm* soll dabei aus dem konfigurations-
und auftragsunabhängigen *Zellenrechner-Systemprogrammkern* (einschließlich Dienstleistungsmodule) und den der Konfiguration entsprechenden *Komponententreibern* (vgl. Kapitel 8) generiert werden können.

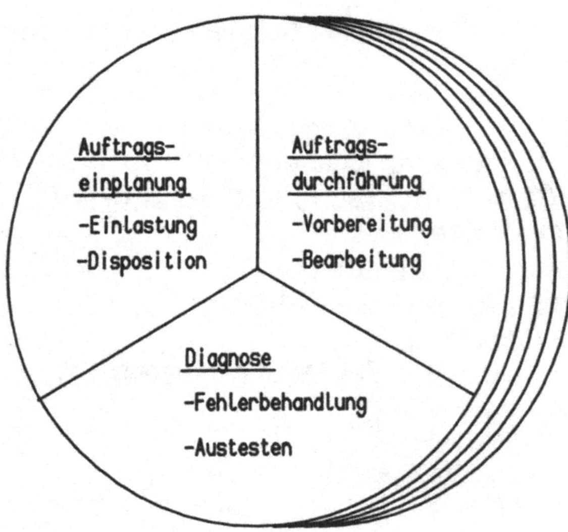

Bild 19: Kernaufgaben eines universellen Fertigungszellenrechners

Bei den Kernaufgaben (Bild 19) handelt es sich um

- die automatische *Auftragsabwicklung*, die sich in *Auftragseinplanung* und *Auftragsdurchführung* gliedert, und

- die davon getrennte *Diagnose* aller Zellenkomponenten und aller dafür erstellten Programmdaten.

5.2.1. Auftragseinplanung

Die Auftragseinplanung gliedert sich in die *Einlastungsphase* und die *Dispositionsphase*.

In der *Einlastungsphase* sind alle in einem Fertigungszellenrechner denkbaren Varianten der Auftragseinlastung (Bild 20) zu realisieren. So können Aufträge vom Bediener, dem Materialflußzellenrechner oder dem Leitrechner (*aktive Quellen*) eingelastet werden – entweder *direkt* als abgeschlossenes Nachrichtenpaket oder *indirekt* über eine Pufferung in der Datenbank in Verbindung mit einer Meldung an den Zellenrechner. Die Initiative zur Auftragseinlastung muß aber nicht von den aktiven Quellen ausgehen, da der Zellenrechner ebenso in der Lage sein soll, sich selbständig ein neues für die Zelle bestimmtes Auftragspaket von der Datenbank (*passive Quelle*) zu holen, wenn er nichts mehr zu tun hat. Durch dieses Holprinzip wird unter anderem die Forderung nach maximaler Intelligenz im maschinennahen Bereich erfüllt. Die Datenbank dient dabei als Auftragspuffer und bewirkt somit eine zeitliche Entkopplung vom übergelagerten Rechner.

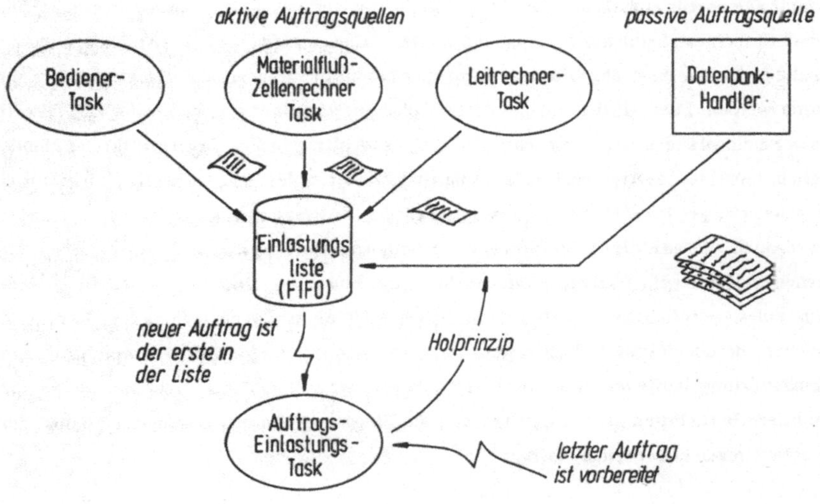

Bild 20: Auftragseinlastung in den Fertigungszellenrechner

Leitrechner-, Materialflußzellenrechner- und Datenbank – Aufträge werden über das lokale Netzwerk verschickt bzw. geholt, Bediener – Aufträge vom Zellenrechnerterminal. Die aktive

Auftragseinlastung stellt einen gewichtigen Eingriff in den routinemäßigen Ablauf dar und erfordert deswegen eine sofortige Behandlung. Eingriffe in den automatischen Ablauf durch den Bediener sollten allerdings die Ausnahme sein. Wenn allerdings trotzdem für den Bediener die Möglichkeit besteht, vor Ort einen Auftrag einzulasten, so darf dies keinen Einfluß auf die Algorithmen der Auftragseinplanung haben; denn die Auftragseinplanung wird in jedem Fall sowohl bezüglich der Einlastung als auch bezüglich der nachfolgenden Disposition völlig automatisch ablaufen. Im Fall einer gleichzeitigen Auftragseinlastung von mehreren aktiven Quellen gilt die folgende aufsteigende Prioritätsreihenfolge: Leitrechner, Materialflußzellenrechner, Bediener.

Unter dem Auftrag für die flexible Fertigungszelle (*Zellenauftrag*) soll ein Variablen-Verbund verstanden werden, der eine Kennung, eine Prioritätstufe und alle begleitenden Daten enthält, die nötig sind, um innerhalb der Zelle ein Los zu fertigen. Er ist damit Bestandteil des zu einem *Werkstattauftrag* gehörigen Arbeitsplans /38/.

Daneben soll rein formal als Auftrag auch ein sogenannter *"Definierter Halt"* eingelastet werden können. Dabei handelt es sich quasi um einen inversen Fertigungsauftrag, der je nach Priorität alle bereits eingelasteten Aufträge löscht bzw. zusätzlich noch die Auftragsdurchführung definiert, das heißt nur in einem definierten Zellenzustand, abbricht. Anschließend können alle gelöschten bzw. abgebrochenen Aufträge erneut in veränderter Zusammensetzung eingelastet werden. Dies soll die einzige Möglichkeit sein, von einer aktiven Quelle aus, fälschlicherweise eingelastete Aufträge nachträglich aus der Auftragsliste zu löschen. Wäre es nämlich möglich, einzelne Aufträge nach ihrer Einlastung wieder zu löschen, würde dies nicht nur einen schwerwiegenden Eingriff in die automatische Auftragsabwicklung bedeuten, sondern könnte auch die auf die Zelle in einem Optimierungslauf abgestimmte Auftragsreihenfolge durcheinanderbringen. Dagegen läßt sich durch die Einlastung eines definierten Halts in der Form eines gewöhnlichen Auftrags ein hohes Maß an programmtechnischer Kontinuität erreichen, da der definierte Halt erstens über die gleichen Programmstellen durch die Auftragsabwicklung läuft wie alle eingelasteten Fertigungsaufträge und zweitens zum weiteren geordneten Betrieb unmittelbar anschließend die Einlastung von neu zusammengestellten Fertigungsaufträgen erforderlich macht.

Die *Dispositionsphase* übernimmt die Auftragsfeindisposition. Darunter sind die Plausibilitätsüberprüfung und die prioritätsmäßige Behandlung für jeden Auftrag sowie eine Optimierung der Auftragsfolge zu verstehen. Für einen Auftrag können drei Prioritätsstufen vergeben werden:

- normaler Auftag,

- Eilauftrag und

- auftragsunterbrechender Eilauftrag.

Diese drei Prioritätsstufen reichen sicherlich aus. Gewöhnlicherweise besitzt nämlich jeder Auftrag auf der Zellenebene *normale Priorität*, da bereits vorher auf Leitrechnerebene eine für einen meist kurzfristigen Planungszeitraum (Fertigungsperiode) gültige feste Zuordnung der Aufträge zu den jeweiligen Zellen aufgrund einer dort breiter gestaffelten Prioritätenvergabe stattgefunden hat. Soll jedoch ausnahmsweise ein Auftrag von einer aktiven Quelle dazwischengeschoben werden, so kann dieser als *Eilauftrag* eingelastet werden. Soll dieser Auftrag sofort dazwischengeschoben werden, indem der gerade laufende Auftrag dazu an einer definierten Stelle unterbrochen wird, so handelt es sich dabei um einen *auftragsunterbrechenden Eilauftrag*. Alle eingelasteten Aufträge können innerhalb ihrer Prioritätsstufe in ihrer Reihenfolge optimiert werden. Die Optimierung wirkt sich dabei lediglich innerhalb der Grenzen einer Zelle aus und kann aus diesem Grund als zusätzlicher Freiheitsgrad in der Aufgabenbereich des Zellenrechners gelegt werden. Für eine uneingeschränkte Vertauschbarkeit aller eingelasteten Aufträge bei der Reihenfolgeoptimierung gibt es allerdings folgende Voraussetzungen: Erstens dürfen innerhalb eines Auftragpakets bezüglich der auftragsgebundenen Betriebsmittel keine Bedarfsüberschneidungen mit anderen Zellen auftreten. Zweitens müssen alle Aufträge in ein und dasselbe Terminfenster fallen. Terminliche Vorgaben könnten zwar leicht in einer zusätzlichen Funktion der Feindisposition berücksichtigt werden, hätten aber einen Planungsaufwand zur Folge, der zur sowieso erforderlichen Disposition auf Leitrechnerebene eine verzichtbare Redundanz aufweisen würde.

5.2.2. Auftragsdurchführung

Die Auftragsdurchführung läßt im wesentlichen die Ablaufsteuerung zur Wirkung kommen, die die Arbeitsschritte der an der Zellenkonfiguration beteiligten Komponenten entsprechend der zum Auftrag gehörigen Ablaufvorschrift koordinierend weiterschaltet, bis die gewünschte Losgröße erreicht ist. Es ist dabei sinnvoll, eine funktionale Gliederung (vgl. Kapitel 6.1.2.) vorzunehmen in eine *Vorbereitungsphase*, die für jeden Auftrag die Ermittlung des Nettobedarfs und den Bedarfsabgleich bezüglich der benötigten Betriebsmittel und Werkstücke durchführt, und eine davon entkoppelte *Bearbeitungsphase*, die anschließend an die Vorbereitungsphase die eigentliche Fertigung des Loses übernimmt.

5.2.3. Diagnose

Die Auftragsdurchführung läuft im regulären Betrieb nur automatisch ab. Der Bediener darf schon allein aus Sicherheitsgründen keinen Einfluß auf einzelne Aktionen bzw. die gesamte Ablaufsteuerung haben, um Schäden an seiner Person und der Anlage zu vermeiden. Ausnahmen sind ausschließlich Störfälle und Testläufe. Im Störfall sind Bedienerfunktionen einerseits erforderlich, um eine Fehlerdiagnose und -behebung zu ermöglichen, und andererseits, um in dringenden Situationen den Betrieb trotz Störung durch manuelle Eingriffe aufrechtzuerhalten. Die gerade aufgeführten Bedienerfunktionen finden alle in der Betriebsart *Produktionsbetrieb* statt, während für Testläufe im Zellenrechner eine eigene Betriebsart *Einrichtebetrieb* vorgesehen ist.

Diagnose von Störungen im Produktionsbetrieb

Tritt eine Störung im technischen Prozeß während der automatischen Auftragsdurchführung auf, so sollte die Fehlerdiagnose und -behebung möglichst ebenfalls automatisch erfolgen. Ist dies jedoch nicht möglich, kann die Fehlerbehandlung auch im Bedienerdialog stattfinden. Dazu muß die Betriebsart 'Produktionsbetrieb' zunächst noch nicht verlassen werden. Der Übersichtlichkeit und Effektivität halber soll die Fehlerbehandlung an einer zentralen Programmstelle vollzogen werden, die problemlos von allen Prozessen des Zellenrechnerprogramms erreicht werden kann und damit als Sammelbecken aller im System aufgetretenen Fehler dient. Auf diese Weise kann die Software von tief verschachtelten Fallunterscheidungen aufgrund starr implementierter Fehlerstrategien entlastet werden und gerade auch auf Fehlerbilder reagieren, die sich erst mosaikartig aus der Summe mehrerer Störungen ergeben, die an unterschiedlichen Programmstellen aufgetreten sind. Außerdem können dort mit hoher Priorität auch einige Zellenfunktionen kurzfristig stillgelegt werden, wobei unter Umständen andere funktionsfähige Teile der Zelle parallel dazu noch weiter arbeiten können.

Läßt sich eine Störung in der Zelle nicht in der dafür veranschlagten Zeit beseitigen, so muß sie unter Umständen manuell bedient werden. Dazu kann der Dialog der Ablaufsteuerung mit dem technischen Prozeß komponentenweise auf das Bedienerterminal umgeleitet werden, so daß ein Teil der Zelle weiterhin automatisch geführt werden kann, während ein anderer Teil manuell bedient wird. Deswegen ändert sich für den Zellenrechner durch den Handbetrieb nichts an der Funktion des Produktionsbetriebs außer den Reaktionszeiten aufgrund des Bedienerdialogs anstatt des Komponentendialogs. Dies trifft auch noch zu, wenn die Ablaufsteuerung des Zellenrechners gänzlich durch manuelle Bedienung ersetzt worden ist, und der

Zellenrechner nur noch als BDE-Terminal dient; denn auch in diesem Fall werden noch die vier Phasen der Auftragsabwicklung durchlaufen und alle gefertigten Werkstücke auftragsgebunden registriert.

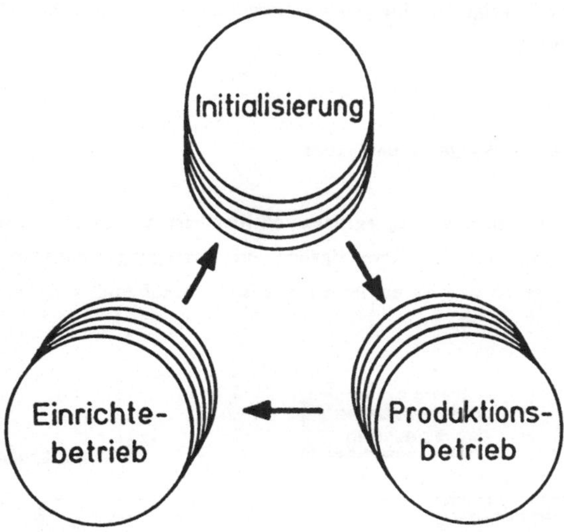

Bild 21: Übergangsdiagramm der Betriebsarten eines Fertigungszellenrechners

<u>Diagnosefunktionen im Einrichtebetrieb</u>

Der Einrichtebetrieb unterscheidet sich vom Produktionsbetrieb im wesentlichen dadurch, daß alle Zellenfunktionen dort losgelöst vom Auftragsgeschehen ausgeführt werden können. Ein im Einrichtebetrieb gefertigtes Werkstück unterliegt deswegen auch nicht der Betriebsdatenerfassung. Funktionell dient der Einrichtebetrieb der Diagnose im weiteren Sinn, nämlich dem Austesten von Steuerungsprogrammen und Zellenabläufen sowie routinemäßigen Instandhaltungsaufgaben oder einer weiterführenden Störungssuche und -behebung, als sie im Produktionsbetrieb möglich ist. Der Bediener muß beim Austesten im Dialog alle Aktionen, die komponentenabhängig möglich sind, einzeln starten und ihre Quittungen empfangen können. Es ist ihm jedoch nicht gestattet, zusätzliche Aktionen und Quittungen einzuführen. Aus dem bestehenden Aktionsumfang können allerdings beliebig strukturierte Aktionsnetze gebildet und zusammenhängend getestet werden. Da der Einrichtebetrieb in direktem Zusammenhang mit manuellen Eingriffen in die Zelle steht, kann ein Übergang vom Produktionsbetrieb in den Einrich-

tebetrieb nur durch einen Bedienereingriff am Zellenrechnerterminal ausgelöst werden. Aus
Sicherheitgründen darf natürlich kein direkter Übergang vom Einrichtebetrieb in den Produktionsbetrieb erfolgen, sondern nur über eine Initialisierungsphase. Ausgangszustand unmittelbar nach dem Hochfahren des Zellenrechners ist deswegen ebenfalls aus Sicherheitsgründen
der Einrichtebetrieb. Bild 21 zeigt das Übergangsdiagramm der notwendigen Betriebsarten eines Fertigungszellenrechners.

5.3.   Dienstleistungsmodule für die Kernaufgaben

Dem Inhalt der folgenden Kapitel vorweggegriffen soll hier bereits eine Übersicht über alle
standardmäßig den allgemeingültigen Kernaufgaben zur Verfügung stehenden Dienstleistungsmoduln (Bild 22) gegeben werden, um im weiteren stets darauf zurückgreifen zu können:

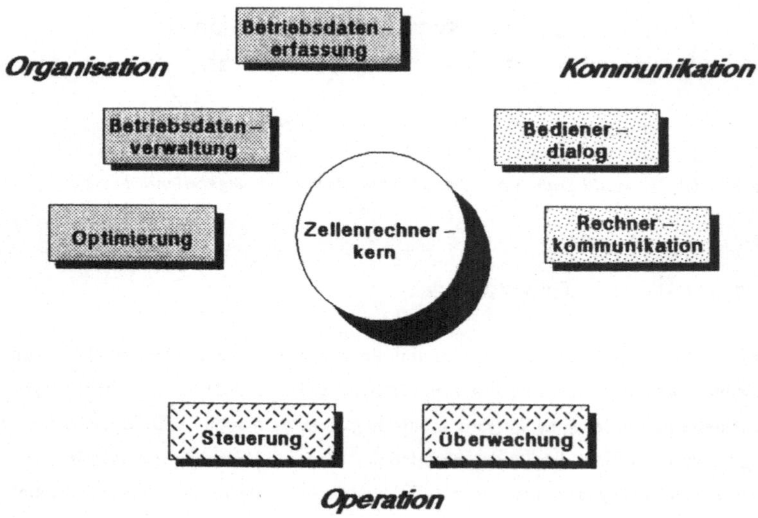

Bild 22: Dienstleistungsmodule für die Zellenrechner-Kernaufgaben

<u>Operation:</u>   (entspricht der Ablaufsteuerung)
Steuerung:

  –   Koordination der Zellenkomponenten entsprechend der Ablaufvorschrift

Überwachung:

- Überwachung der Zellenkomponenten, Werkstücke und Betriebsmittel

<u>*Kommunikation:*</u>

Bedienerdialog:

- Anlagenvisualisierung (visuelles Systemabbild)
- werkstattgerechte, dialogorientierte Ein-/Ausgabe

  zur Auftragseinlastung,

  zur Daten-/Statusabfrage,

  zur manuellen Eingabe von nicht automatisch erfaßbaren Daten,

  zum Editieren von Komponentenprogrammen und Zellenabläufen,

  zum Testen und zur Fehlerbehandlung und

  zum Handbetrieb im Störungsfall

Rechnerkommunikation:

- mit dem Leitrechner (Auftragseinlastung, Rückmeldungen, Datentransfer)
- mit dem Materialflußzellenrechner (Auftragseinlastung, Rückmeldungen, Datentransfer, Bedarfsabgleich auftragsgebundener Betriebsmittel, Reservieren und Freigabe gemeinsamer Betriebsmittel
- mit der Datenbank (Datenpufferung)

<u>*Organisation:*</u>

Optimierung:

- Optimierung der Auftragsreihenfolge in der Dispositionsphase
- Optimierung der Reihenfolge der Arbeitsschritte in der Vorbereitungsphase

Betriebsmittelverwaltung:

- auftragsabhängige Ermittlung des Nettobedarfs an Betriebsmitteln
- Verwaltung der laufzeitvariablen Betriebsmittel-Ortsdaten (z.B.: Palettenpositionen)
- Verwaltung der konfigurationsabhängigen Betriebsmittel-Bewegungsdaten (zum Beispiel der Materialflußfunktionen, um ein Werkzeug von einer Palette in das Kettenmagazin einer Werkzeugmaschine zu bringen)

Betriebsdatenerfassung:

- Erfassung des Auftragsfortschritts
- Erfassung des Zellenstatus zum Führen eines datengestützten Systemabbilds bezüglich der Fertigungsanlage und des Fertigungsprozesses
- Erfassung der personellen und organisatorischen Daten
- statistische Datenauswertung und Datenkonzentration

45

6. Der Zellenrechner – Systemprogrammkern

6.1. Möglichkeiten zur Optimierung der Auftragsabwicklung

Der Universalitätsanspruch führt zu einem Zellenrechner–Konzept, das für jede flexible Fertigungszelle Allgemeingültigkeit besitzen soll und damit beim Einsatz in einer neuen Zelle erhebliche Kosten für die Anpassung erspart. Aber auch im Bereich der Auftragsabwicklung selbst lassen sich bei der Wahl des richtigen funktionalen Konzepts noch Kosten senken. Dafür können die Optimierungsansätze für den Fertigungsprozeß von der Steuerungsebene auf die Zellenrechnerebene übertragen werden. Als Optimierungskriterien sollen Kosten- und Zeitminimierung dienen. Da es hier ausschließlich um den konzeptionellen Entwurf von hardwareunabhängiger Software geht, können alle Kostenaspekte bezüglich der Zielhardware bei diesen Betrachtungen entfallen.

Ein Fertigungszellenrechner besitzt lediglich Koordinationsaufgaben unter den Zellenkomponenten und greift nie in den Fertigungsprozeß selbst ein; Eingriffe in den Fertigungsprozeß gehören entweder online in den Aufgabenbereich der Steuerungsebene oder offline in die dem Zellenrechner vorgelagerte Arbeitsvorbereitung. Deshalb fällt die Optimierung des Fertigungsprozesses auch nicht in den Aufgabenbereich des Zellenrechners. Während der Fertigungsprozeß aber oft schon durch moderne Steuerungen, Maschinen und Werkstoffe ausgereizt ist, stecken in der Ablaufkoordination auf Zellenrechnerebene noch einige Totzeiten, die sich entweder durch eine optimale Aneinanderreihung der Aufträge bzw. der einzelnen Arbeitsschritte vermeiden oder durch bewußte Unterstützung nebenläufiger Arbeitsschritte nützen lassen.

6.1.1. Optimierung nach minimalem Rüstaufwand

Sind mehrere Aufträge in den Zellenrechner eingelastet worden, so können diese in ihrer Reihenfolge optimiert werden, soweit dies innerhalb des Zellenhorizonts möglich ist. Dazu können verschiedene Optimierungkriterien wie zum Beispiel 'Minimaler Rüstaufwand', 'Fertigungstermin' oder 'Laufzeit pro Los' herangezogen werden /34/. Für den zu entwickelnden Zellenrechner ist jedoch allein der minimale Rüstaufwand interessant, nachdem Terminplanung und Modifikation von Fertigungsparametern nicht zu seinen Aufgaben zählen. Die Verringerung von Rüstzeiten gewinnt zudem mit dem Trend zur flexiblen Automatisierung verstärkt an Bedeutung, da der unproduktive Rüstzeitanteil aufgrund der kleinen Stückzahlen und der

Fortschritte in der Fertigungstechnik immer mehr anwächst /49/. Deshalb läuft der Optimierungsvorgang in der Dispositionsphase mit dem Ziel ab, die Auftragsfolge so zu ordnen, daß dadurch möglichst wenig Umrüstaufwand zwischen den Aufträgen anfällt. Aber auch eine Optimierungsstufe tiefer lassen sich die zur Auf- und Abrüstung notwendigen Arbeitsschritte noch einmal nach demselben Kriterium in ihrer Reihenfolge optimieren. Dabei bleiben zum Beispiel durch eine Zusammenlegung aller Werkzeugrüstvorgänge Greiferwechsel am Handhabungssystem oder durch eine Zusammenlegung möglichst vieler Zugriffe auf ein permanent gemeinsames Betriebsmittel (zum Beispiel mobiler Roboter) Wartezeiten erspart.

6.1.2. Optimierung aufgrund der funktionalen Gliederung der Auftragsdurchführung

Logisch läßt sich die Auftragsdurchführung (Bild 23) in drei Teile *gliedern*:
- Aufrüsten des Auftrags,
- Bearbeitung des Auftrags und
- Abrüsten des Auftrags.

Die Auftragsbearbeitung (Bearbeitungsphase) umfaßt dabei alle Arbeitsschritte, die zur Fertigung eines Loses nötig sind. Es entsteht dabei eine Schleife, die bezüglich der Arbeitsschritte, die zur Fertigung eines Werkstücks dienen, entsprechend der Losgröße durchlaufen wird und bezüglich der dazwischen zum Werkstückwechsel benötigten Arbeitsschritte einmal weniger.

Die beim Werkstückwechsel in der Bearbeitungsphase erforderlichen Arbeitsschritte dienen ausschließlich dem Fortgang des eigentlichen Fertigungsprozesses und spielen sich deshalb auch immer in dessen Nähe ab. Dagegen sind die Tätigkeiten in der Vorbereitungsphase eines gesamten Auftrags nicht nur zeitintensiver, nachdem der Rüstaufwand zwischen den Aufträgen deutlich höher liegt als der durch Nebentätigkeiten während der Bearbeitung verursachte Aufwand und zudem oft mit längeren Wartezeiten auf externe Betriebsmittel gekoppelt ist, sondern sie dehnen sich auch über den ganzen Raum der Zelle aus. So können sich viele Arbeitsschritte nebeneinander abspielen, ohne den Fertigungsprozeß zu behindern. Dies betrifft die Versorgung mit auftragsgebundenen Betriebsmitteln genauso wie die Handhabung zwischen verschiedenen Bereitstellungspositionen. Solche Aktionen lassen sich gut schon während der Bearbeitung des aktuellen Auftrags für den Nachfolgeauftrag erledigen. Sofern ein kollisionsfreies Zusammenwirken zwischen Vorbereitungs- und Bearbeitungsphase gewährleistet ist, können deshalb die Aufrüstvorgänge des Nachfolgeauftrags, die zum Beispiel den Austausch von Betriebsmitteln in der Zellenperipherie betreffen, und die Arbeitsschritte der Bearbeitungsphase in zwei nebenläufigen Prozessen voneinander entkoppelt werden.

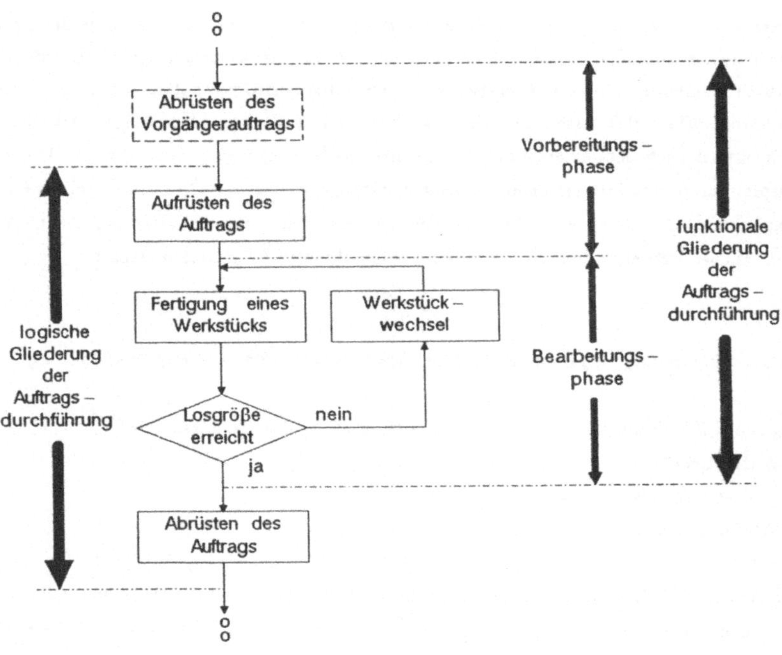

Bild 23: Logische und funktionale Gliederung der Auftragsdurchführung

Diese Parallelität darf natürlich nur bis zu der Stelle gehen, wo in die Bereiche eingegriffen werden muß, die den ordnungsgemäßen Ablauf des aktuellen Auftrags betreffen. Solche Tätigkeiten erfordern auf jeden Fall den Stillstand der Arbeitsstation. Deswegen ergibt sich auch eine *Zweiteilung der Vorbereitungsphase* in einen Teil, der bereits während der Bearbeitungsphase des Vorgängerauftrags ausgeführt werden kann, und einen Teil, der erst nach Ablauf der Bearbeitungphase ausgeführt werden kann.

Integriert man zusätzlich in die Vorbereitungsphase die abrüstenden Arbeitsschritte des Vorgängerauftrags, so spart man sich einen von der Auftragsreihenfolge unabhängigen *Zellenreferenzzustand* als definierten Zwischenzustand zwischen zwei Aufträgen. Die Einnahme eines solchen Referenzzustandes würde zwar einen recht einfachen Algorithmus bedeuten, wäre aber zeitaufwendig und von der Funktion her völlig unnötig. Wäre der Referenzzustand zwischen zwei Aufträgen zum Beipiel ein leeres Werkzeugmagazin, so müßte dieses nach jedem Auftrag ganz abgerüstet werden ungeachtet dessen, ob der Nachfolgeauftrag eventuell dieselben Werkzeuge benötigt.

Auch der in der Zwischenzeit angewachsene Bedarf an extern benötigten Betriebsmitteln, die
sich gerade unbenötigt in der Zelle an für den zellenübergreifenden Materialfluß unzugäng-
lichen Stellen befinden, kann zweckmäßigerweise an dieser Programmstelle miteingeflochten
werden; denn die dazu innerhalb der Zelle auszuführenden Arbeitsschritte können ebenfalls so
in das Geflecht aller Vorbereitungsaktionen integriert werden, daß dadurch im Zusammenwirken mit allen anderen Arbeitsvorgängen weniger Rüstaufwand entsteht, als wenn die einlau-
fenden Anforderungen des externen Bedarfs davon entkoppelt erfüllt werden müßten.

Auf diese Weise ergibt sich im Gegensatz zur logischen Gliederung der Auftragsdurchführung
eine effizientere *funktionale Gliederung* (Bild 23) in eine Bearbeitungsphase und in eine
Vorbereitungsphase, die alle Rüsttätigkeiten zwischen zwei aufeinanderfolgenden Aufträgen in
sich vereint und zu einem gewissen Teil parallel zur Bearbeitungsphase ausgeführt werden
kann.

6.1.3. Unterstützung von Nebenläufigkeiten in der Auftragsdurchführung

Durch diese funktionale Gliederung sind in der Vorbereitungsphase und in der Bearbeitungsphase zumindest zeitweise zwei voneinander unabhängige Ablaufsteuerungen vom Prinzip her
imstande, nebeneinander zu arbeiten (Bild 24). Diese Unabhängigkeit bezieht sich jedoch lediglich auf die angesprochene funktionale Struktur der Auftragsdurchführung; denn beide Ablaufsteuerungen arbeiten natürlich mit den identischen Zellenkomponenten, so daß bereits im
Entwurf beider Abläufe – egal ob automatisch oder manuell erstellt – sichergestellt sein muß,
daß es durch die Nebenläufigkeit weder zu *funktionellen* noch zu *fatalen Kollisionen* kommt.
Von Kollisionen spricht man, wenn bedingt durch eine fehlerhafte Koordination einzelner
paralleler Teilabläufe eine gegenseitige Behinderung eintritt /50/. Eine *funktionelle Kollision*
liegt vor, wenn beispielsweise eine Ablaufsteuerung ein Betriebsmittel entfernt, das die andere
Ablaufsteuerung noch benötigt. Unter einer *fatalen Kollision* soll zum Beispiel der Zusammen-
stoß zweier Roboter verstanden werden.

Eine Parallelitäts-Hierarchiestufe tiefer (Bild 24), also innerhalb jeder Ablaufsteuerung, soll
ebenfalls eine Nebenläufigkeit von Komponentenaktionen möglich sein. Während sich aber
zwischen zwei nebeneinander arbeitenden Ablaufsteuerungen nebenläufige Komponentenaktionen im Einzelfall funktional unabsichtig einstellen, sind alle nebenläufigen Komponentenaktionen in einer bestimmten Ablaufsteuerung in jedem Einzelfall beabsichtigt. Es kann sich
dabei zum Beispiel um eine Zuführungsaufgabe handeln, die bereits während eines Fertigungsschrittes anlaufen kann und vor dem nächsten Fertigungsschritt abgeschlossen sein muß.

Die dementsprechende Synchronisation in Koordination mit allen anderen Aktionen erfolgt
dann zur Laufzeit der Ablaufsteuerung. Deswegen kann es zur Laufzeit trotz dessen, daß solche nebenläufige Zweige bewußt parallel angelegt worden sind, rein zufällig vorkommen, daß
eine Komponente zwei Aktionen gleichzeitig nebeneinander ausführen soll. Ob die jeweilige
Komponente dazu imstande ist, hängt sowohl von der Art der beiden Arbeitsschritte ab, als
auch von der Leistungsfähigkeit der Komponente und ihrer Steuerung. So können von einer
Zellenkomponente ganz sicher nicht zwei Fertigungsschritte gleichzeitig ausgeführt werden,
wogegen ein Datentransfer zur Steuerung der Komponente durchaus während eines von ihr
ausgeführten Fertigungsschrittes möglich ist. Es handelt sich dabei um die tiefste Stufe der
Parallelitäts-Hierarchie in der Auftragsdurchführung (Bild 24) und betrifft direkt die
Zellenkomponente, weshalb die Aufspaltung in parallele Zweige natürlich im erweiterten
Komponententreiber selbst erfolgt.

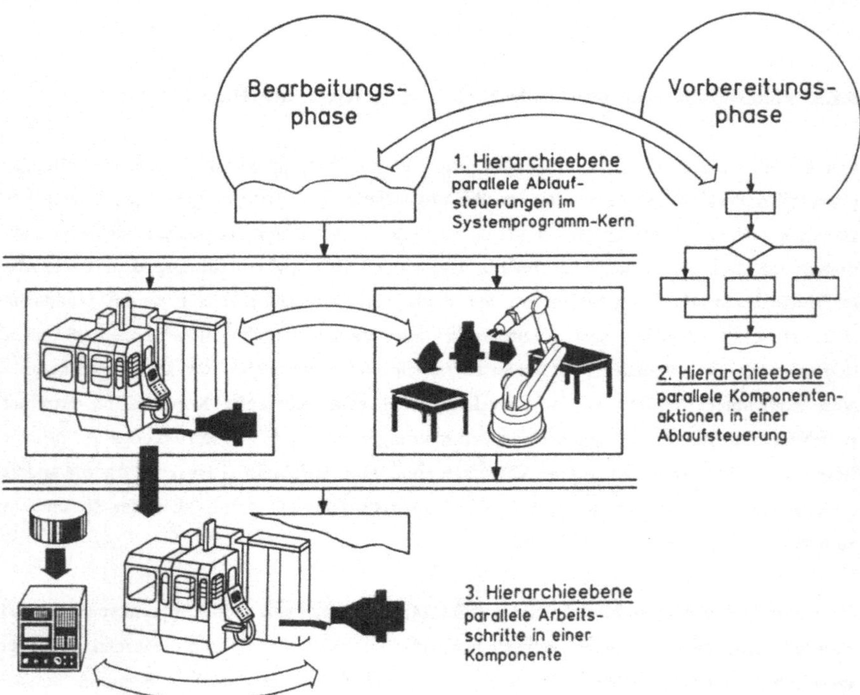

Bild 24: Auftragsdurchführung als hierarchisches Parallelsystem

6.2.   Geeignete Prozeßarchitektur für die Realisierung paralleler Aufgaben

Neben dem hierarchisch angelegten Parallelsystem der Auftragsdurchführung bildet natürlich auch das gesamte Zellenrechner-Systemprogramm ein typisches Parallelsystem, da dort mehrere Aufgaben, die durch externe Ereignisse angestoßen werden, quasi-simultan erledigt werden sollen. Für die Realisierung parallel ablaufender Aufgaben (*Prozesse, engl.: Tasks /51/*) bieten moderne Betriebssysteme wie VAXELN /52/ beziehungsweise Betriebssystem/Programmsprachen-Kombinationen wie zum Beipiel VMS/ADA /53,54,55/ wahlweise zwei Lösungsprinzipien an, die in der Zellenrechner-Software beide nebeneinander Anwendung finden werden. Deshalb sollen sie an dieser Stelle kurz beschrieben werden, zumal sich in der Literatur keine eindeutige Bezeichnung dafür finden läßt.

<u>Multitasking:</u>

Während die Begriffe *"Prozeß"* bzw. *"Task"* in der Prozeßdatenverarbeitung meist prinzip-neutral für alle nebenläufigen Aufgaben verwendet werden, sollen unter *Multitasking /52/* nur parallel ablaufende Aufgaben verstanden werden, die als *Subprozesse (Subtasks)* einem Prozeß (Hauptprozeß) untergeordnet sind, der ein *Programm* ausführt /51/. Nach dem Programmstart werden alle Subprozesse vom Hauptprozeß in einer festgelegten, immer gültigen Reihenfolge installiert. Ein Programmabbruch stoppt nicht nur den Hauptprozeß, sondern auch alle eingerichteten Subprozesse (Bild 25).

Deshalb eignen sich im besonderen Tasks mit folgenden Eigenschaften für Multitasking:

- Alle Tasks sind einer zentralen Aufgabe untergeordnet, die ein abgeschlossenes Programm bildet, und weisen in der Regel untereinander eine enge Bindung auf.

- Jede Task ergibt nur im Zusammenhang mit allen anderen installierten Tasks einen Sinn. Aus diesem Grund ist ein zentrales Starten und Stoppen aller Aufgaben in einer zusammenhängenden Programmumgebung besonders vorteilhaft.

- Die einzelnen Tasks benutzen dieselben programmspezifischen globalen Variablen.

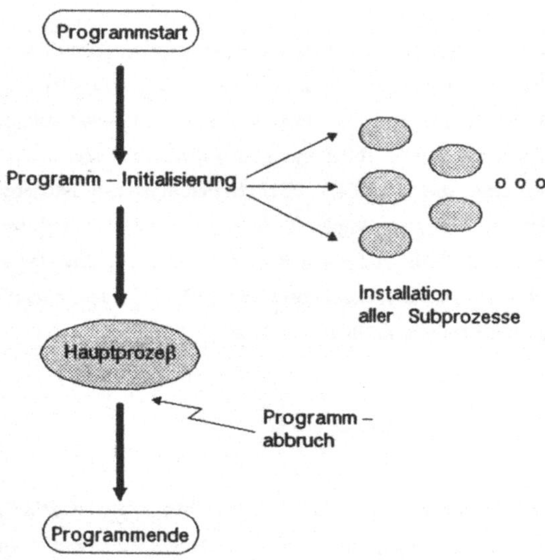

Bild 25: Programmstart und -ende eines Multitasking-Programms

Multiprogramming

Es handelt sich bei Multiprogramming um nebenläufige Aufgaben, die in jeweils eigenen Programmen ablaufen /52,56/. Der Start eines Programms hat nicht unbedingt den Start eines anderen Programms zu Folge. Dasselbe gilt auch für den Programmabbruch.

Deshalb eignen sich im besonderen Tasks mit folgenden Eigenschaften für Multiprogramming:

- Die Tasks können zwar einer gemeinsamen übergeordneten Aufgabe dienen, weisen aber in der Regel keine enge Bindung untereinander auf.

- Jede Task ergibt für sich allein einen Sinn und
  bildet somit ein eigenständiges, lauffähiges Programm. Ein getrenntes Starten bzw. Stoppen eines Programms darf keine Auswirkungen auf die Lauffähigkeit anderer Programme haben.

- Die einzelnen Aufgaben benutzen ihre eigenen programmspezifischen Variablen, die für
  die anderen Aufgaben uninteressant sind und nach dem Programmabbruch wieder gelöscht
  werden. Gemeinsame Daten existieren nur in der Form von programmübergreifenden
  Datenstrukturen, die auch nach dem Abbruch eines Programms ihre Aktualität nicht
  verlieren.

Als Beispiel für ein Multiprogrammingsystem läßt sich die komplette Zellenrechnerebene
anführen, egal ob darin jeder Zellenrechner ein eigenständiges Programm oder selbst ein Multiprogrammingsystem bildet. Diese Programme können entweder auf dezentralen Rechnern
laufen oder als verteilte Intelligenz auf konzentrierter Hardware (Bild 26).

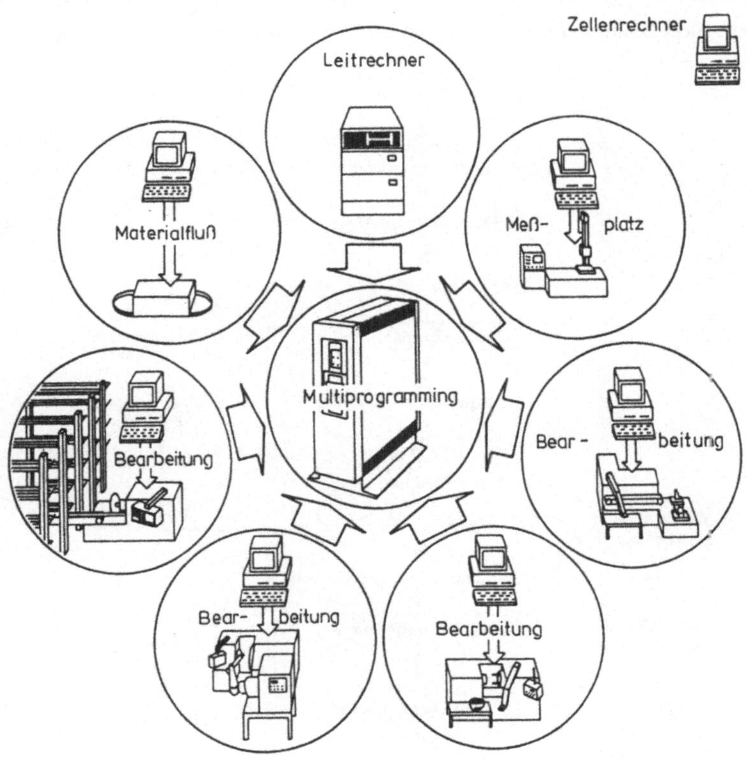

Bild 26: Realisierung verteilter Zellenrechner-Software mit zentraler Hardware

6.3. Die Auftragsabwicklung

6.3.1. Einlastungsphase

Die Aufgabe der Auftragseinlastung beschränkt sich auf das Weiterreichen der Auftrags-Einlastungsliste in die Dispositionsphase, wenn mindestens ein neuer Zellenauftrag auf Initiative einer aktiven Quelle in die leere Einlastungsliste eingehängt worden ist (vgl. Kapitel 5.2.1.). Dazu ist sicherlich keine eigene Task nötig. Sie wird aber erforderlich, um parallel zur restlichen
Auftragsabwicklung selbständig ein neues für die Zelle bestimmtes Auftragspaket von der Datenbank zu holen, sobald der letzte Auftrag aus der programminternen Auftragsliste in der
Vorbereitungsphase vorbereitet ist (Bild 20). Außerdem wird durch die Tatsache, daß jede
Auftragseinlastung unabhängig von der Einlastungsinitiative über die Einlastungstask läuft,
eine einheitliche Schnittstelle für den Anstoß der Dispositionsphase geschaffen (Bild 27).

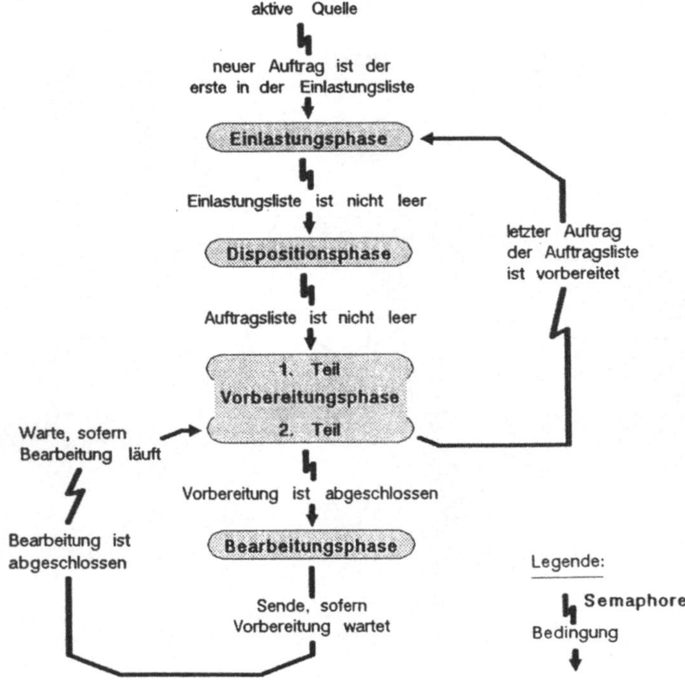

Bild 27: Parallele Verarbeitung in der Auftragsabwicklung

6.3.2. Dispositionsphase

Da die Dispositionsphase parallel zur Durchführung des aktuellen Auftrags die neu eingelasteten Aufträge aus der Einlastungsliste prioritätsgerecht und reihenfolgeoptimiert in die globale Auftragsliste einhängen soll, bildet sie ebenfalls eine eigenständige Task. Diese Task wird ausschließlich von der Einlastungsphase gestartet, wenn in die leere Einlastungsliste mindestens ein neuer Auftrag eingelastet worden ist (Bild 27).

Als erstes wird die Auftragsliste für die Dispositionsphase (Bild 28) reserviert (allokiert), so daß sich die Vorbereitungsphase keinen weiteren Auftrag abholen kann, bis endgültig die neue Auftragsreihenfolge feststeht. Dann werden alle Aufträge der Einlastungsliste ans Ende der Auftragsliste umgehängt, womit die Einlastungsliste wieder leer ist; denn die Einlastungsliste soll nur für den wirklichen Einlastungsprozeß dienen, während die Auftragsliste alle Aufträge beinhaltet, die noch zur Auftragsdurchführung anstehen.

Alle neuen Aufträge werden anschließend mit einem Datumsstempel versehen – dies geschieht im Sinn der Betriebsdatenerfassung –, auf Plausibilität überprüft und entsprechend ihrer Prioritätsstufe vorsortiert. Ein ungültiger Auftrag wird aus der Auftragsliste gelöscht und mit einem Vermerk versehen zurück auf die Datenbank an die dafür vorgesehene Stelle geschrieben. Dabei erfolgt eine Meldung an den Leitrechner und an den Materialflußzellenrechner (MZR). Handelt es sich um einen 'Definierten Halt', so wird dieser ausgeführt, und die nächsten Schritte können folglich übersprungen werden, nachdem aufgrund des 'Definierten Halts' die Auftragsliste leer ist.

In den folgenden Schritten werden die vorsortierten neuen Aufträge entsprechend ihrer Prioritätsstufe an die richtige Stelle der Auftragsliste eingeordnet. Dabei erfolgt nochmals eine Optimierung der Auftragsfolge innerhalb jeder Prioritätsstufe nach dem Kriterium des minimalen Rüstaufwands. Steht die endgültige Auftragsfolge fest, wird diese in der Datenbank abgelegt und steht damit als Information im besonderen dem Materialflußzellenrechner für die vorausschauende Planung des zellenübergreifenden Materialflusses zur Verfügung.

Schließlich wird die Auftragsliste wieder für Zugriffe seitens der Vorbereitungsphase freigegeben (deallokiert), und die Vorbereitungsphase abhängig davon neu gestartet, ob sie vorher wegen einer leeren Auftragsliste in den Wartezustand gefallen ist (Bild 27).

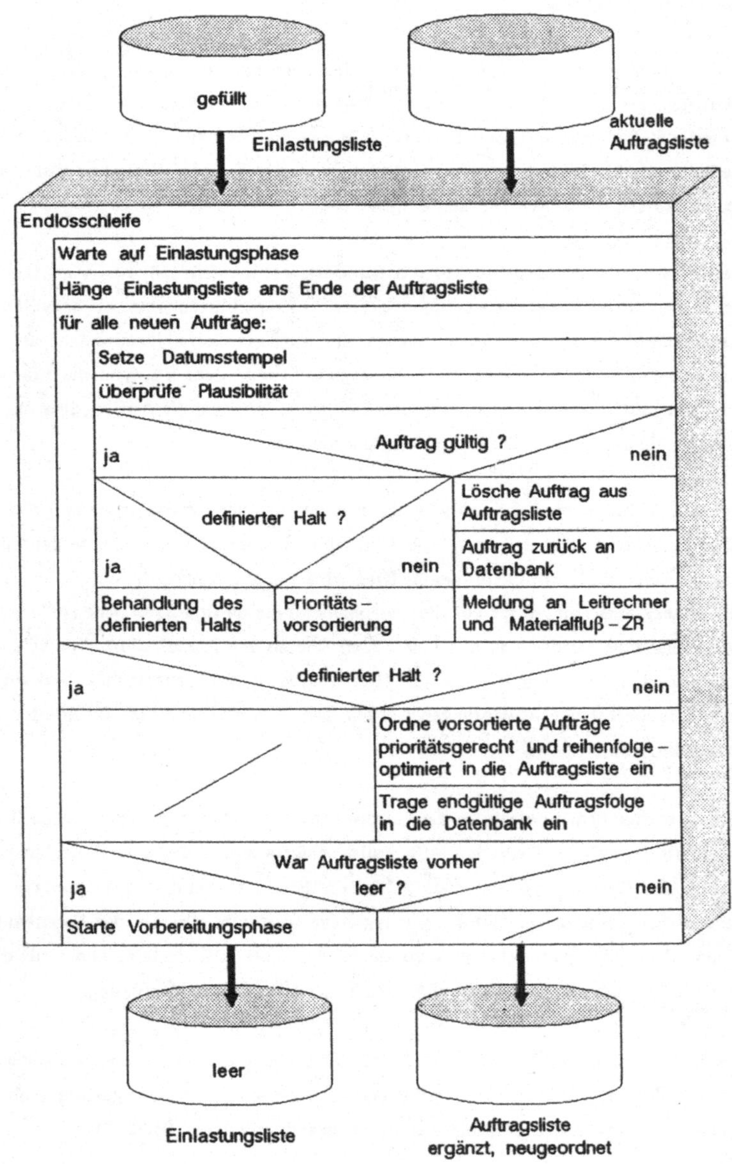

Bild 28: *Struktogramm der Dispositionsphase*

6.3.3. Vorbereitungsphase

Vorbereitungs- und Bearbeitungsphase bilden einen Zyklus, der normalerweise solange läuft, bis alle in der Auftragsliste stehenden Aufträge nacheinander abgearbeitet sind, das heißt bis die Auftragsliste leer ist. Vorausgesetzt die Auftragsliste war leer, dann wartet die Vorbereitungsphase normalerweise auf den Start durch die Dispositionsphase (Bild 27). Sie kann jedoch an dieser Stelle ebenso von der Materialflußzellenrechnertask gestartet werden, wenn dort durch eine einlaufende Anforderung ein externer Bedarf an Betriebsmitteln angezeigt wird; denn dieser Bedarf soll von der Vorbereitungsphase natürlich auch dann erfüllt werden, wenn dort gerade kein Auftrag vorbereitet wird.

Sofern die Vorbereitungsphase (Bild 29) durch die Dispositionsphase gestartet worden ist, allokiert sie als erstes die Auftragsliste, holt sich den ersten Auftrag aus der Liste, weist diesen einer systemweit zugänglichen Variablen zu – dies geschieht im Interesse einer möglichen Verfolgung des Auftragsfortschritts – und deallokiert die Liste wieder. Durch den Allokiermechanismus wird eine Kollision mit der Dispositionsphase vermieden, falls diese zu dem Zeitpunkt, wo die Vorbereitungsphase sich einen neuen Auftrag aus der Liste holen möchte, die Auftragsreihenfolge zu ändern beabsichtigt.

Danach versieht die Vorbereitungsphase den neuen Auftrag zu statistischen Zwecken erneut mit einem Datumsstempel; denn die Vorbereitungsphase schließt nur im Fall des ersten Auftrags einer neu zusammengestellten Auftragsliste unmittelbar an die Dispositionsphase an, wo der erste Datumseintrag erfolgt ist.

Aus den auftragsbegleitenden *Bruttobedarfsdaten* (Teil des Fertigungsplans /38/), die darüber Auskunft geben, an welchem Speicherplatz in der Zelle sich die zum Auftrag benötigten Betriebsmittel bzw. Werkstücke vor Beginn der Bearbeitungsphase befinden müssen, und den systemabbildenden Betriebsmitteldaten (*Betriebsmittel-Ortsdaten*), die die aktuelle Belegung jeder Speicherkomponente in der Zelle widerspiegeln, kann der *zelleninterne Nettobedarf* ermittelt werden (Bild 30). Um den zelleninternen Nettobedarf zusammen mit dem vom Materialflußzellenrechner angemeldeten zellenexternen Bedarf zu decken (*Gesamt-Nettobedarf*), sind nicht nur Aufrüstvorgänge notwendig, sondern damit verschachtelt auch eine Reihe von Abrüstvorgängen abhängig von der aktuellen Speicherbelegung. Deswegen kann der durch Quelle und Endziel bestimmte Weg eines Betriebsmittels durch die Zelle nicht einfach auf die dazugehörige Materialflußfunktion umgesetzt werden. Die als Datensatz für die Zelle zur Verfügung gestellten *Betriebsmittel-Bewegungsdaten* bilden zwar jede gezielte Betriebsmittelbewegung in der Zelle auf eine Materialflußfunktion (*Aktionsmakro*) ab. Aufgrund von erforderli-

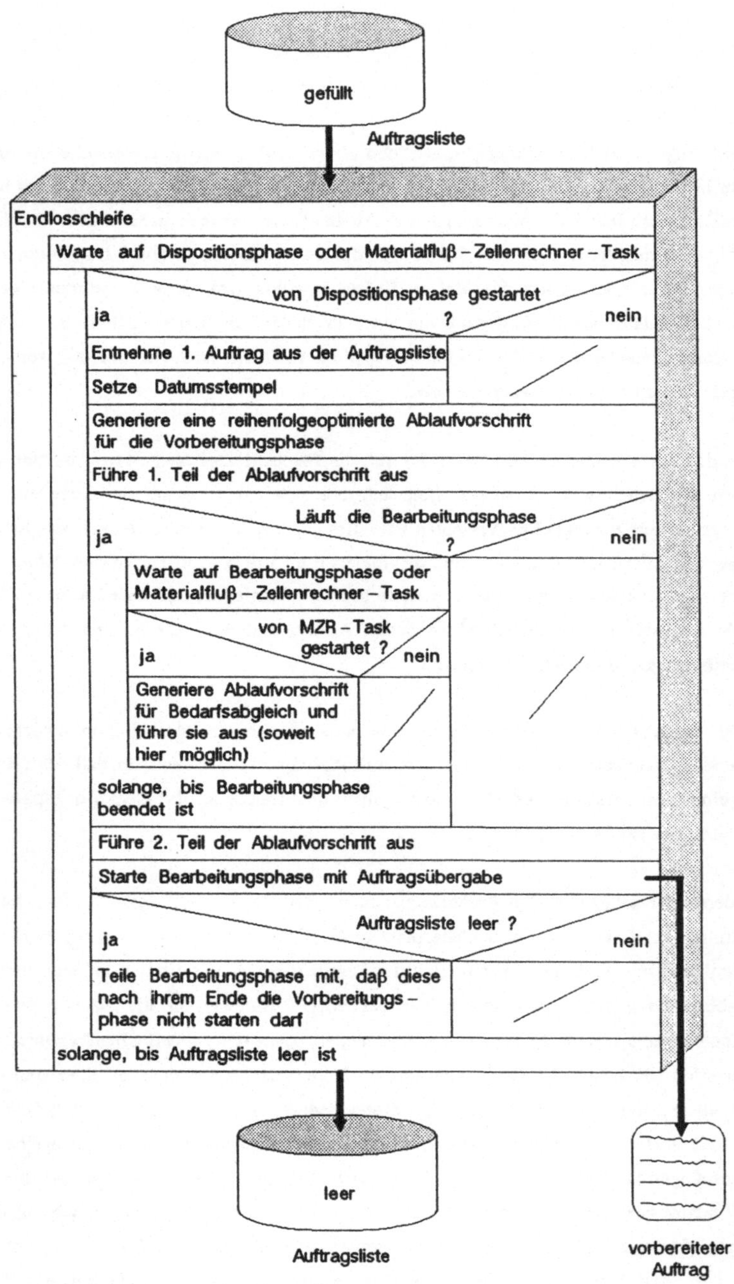

Bild 29: Struktogramm der Vorbereitungsphase

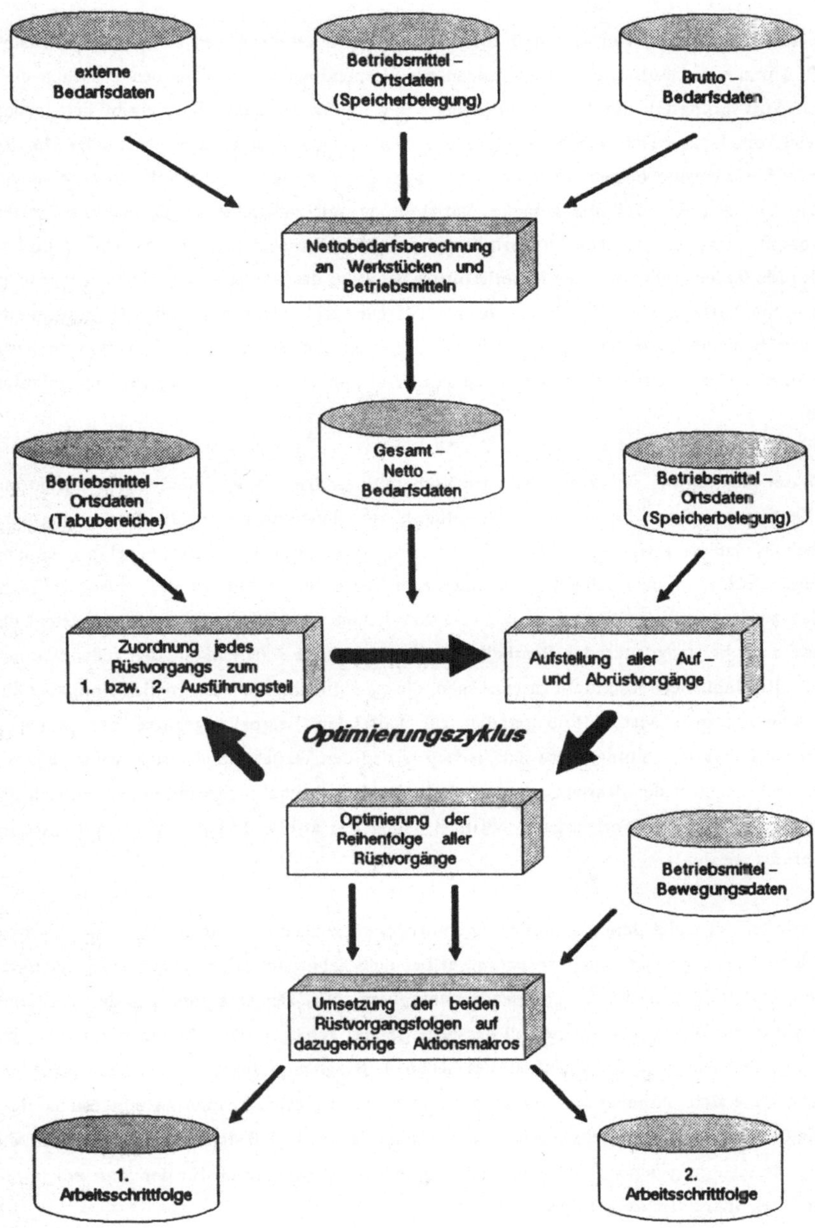

Bild 30: Generierung der zweigeteilten Ablaufvorschrift für die Vorbereitungsphase

chen Rangieraktionen, von auf- und abrüstenden Eingriffen durch den zellenexternen Materialfluß und von tabuisierten Zugriffszonen zur Vermeidung von Kollisionen zwischen dem ersten Ausführungsteil der Vorbereitungsphase und der Bearbeitungsphase ergibt sich jedoch ein viel komplexeres Netz von Materialflußoperationen. Diese müssen deshalb vor der Umsetzung auf die dazugehörigen Aktionsmakros zuerst zusammengestellt und alle so aufeinander abgestimmt werden, daß die gesamte Vorbereitung mit möglichst wenig Arbeitsschritten auskommt. Zur Erstellung einer solchen komplexen Ablaufvorschrift wird natürlich ein umfassendes Modell des zelleninternen Materialflusses benötigt, das alle benötigten Daten programmextern zur Verfügung stellt. Als Ergebnis erhält man schließlich zwei reihenfolgeoptimierte Arbeitsschrittfolgen für die beiden Ausführungsteile der Vorbereitungsphase, wovon der erste Teil sofort parallel zur noch unbeendeten Bearbeitungsphase des Vorgängerauftrags ablaufen kann.

Nach der Ausführung des ersten Teils der Vorbereitungsphase erfolgt die Synchronisation mit der Bearbeitungsphase, indem die Vorbereitungsphase solange wartet, bis die Bearbeitungsphase meldet, daß sie fertig ist (Bild 27). In dieser Wartezeit können jedoch weiterhin neue einlaufende Anforderungen behandelt und auch zum Teil bereits erfüllt werden, soweit sie nicht in den zweiten Teil der Vorbereitungsphase verschoben werden müssen. Dadurch besteht die gerade auch bei langdauernden Bearbeitungsphasen wichtige Möglichkeit, den zellenexternen Materialfluß mit Betriebsmitteln zu versorgen, die zwar für ihn nicht zugänglich sind, aber für den zelleninternen Materialfluß parallel zur laufenden Bearbeitungsphase des aktuellen Auftrags. Die Vorbereitungsphase darf jedoch nur in den Wartezustand fallen, wenn sich gerade ein Auftrag in der Bearbeitungsphase befindet. Ist umgekehrt gewährleistet, daß sich die Bearbeitungsphase im Wartezustand befindet, kann der zweite Teil der Vorbereitungsphase ausgeführt werden.

Der zweite Teil endet dann, wenn der eigentliche Fertigungsprozeß in der Bearbeitungsphase beginnen kann. Dazu ist der Transparenz halber eine genormte auftragsunabhängige Schnittstelle zwischen Vorbereitungs- und Bearbeitungsphase nötig. Der Übergang von der Vorbereitungsphase zur Bearbeitungsphase soll deswegen immer genau zu dem Zeitpunkt erfolgen, wo der erste Fertigungsvorgang innerhalb des neuen Auftrags ausgeführt werden kann. Das entspricht als erstem Arbeitsschritt dem Start eines Steuerungsprogramms an mindestens einer Fertigungseinrichtung im Zellenkern. Voraussetzung dafür ist, daß sich das Werkstück und alle zum Arbeitsvorgang benötigten Betriebsmittel in der Ausgangsposition für den Start der jeweiligen Fertigungseinrichtung befinden.

Ist der zweite Teil der Vorbereitungsphase dementsprechend beendet, wird die systemweit zu gängliche Variable, die auf diesen Auftrag zeigt, wieder zurückgesetzt und der Auftrag an die Bearbeitungsphase weitergereicht. Die Bearbeitungsphase muß dazu auf jeden Fall neu gestartet werden (Bild 27). Ist die Auftragsliste noch nicht leer, holt sich die Vorbereitungsphase anschließend wieder den ersten Auftrag aus der Liste. Ist dagegen gerade der letzte Auftrag der Liste vorbereitet worden, so muß die Einlastungsphase gestartet werden, damit sie sich ein neues Auftragspaket von der Datenbank holen kann, und die Vorbereitungsphase fällt in den Wartezustand, bis sie wieder von der Dispositionsphase gestartet wird. Deswegen muß die Vorbereitungsphase zuvor noch der Bearbeitungsphase mitteilen, daß sie nicht auf das Startsignal der Bearbeitungsphase nach deren Ende wartet, sondern auf einen Neustart nach einer Auftragseinlastung.

6.3.4. Bearbeitungsphase

Nach dem Start der Bearbeitungsphase (Bild 31) wird dort zunächst der Auftrag zum Zweck der Auftragsverfolgung analog dem Verfahren in der Vorbereitungsphase einer globalen Variablen zugewiesen und erneut mit einem Datumsstempel versehen, damit sich verfolgen läßt, wie lange die Vorbereitungen gedauert haben. Das Ergebnis läßt Rückschlüsse auf eventuelle organisatorische Mängel zu. Anschließend läuft die Ablaufsteuerung zur Bearbeitung des Auftrags ab, bis die Losgröße erfüllt ist.

Die Ablaufsteuerung ist dabei im Aufbau und in ihrer Ausführung mit der Ablaufsteuerung in der Vorbereitungsphase identisch. Die beiden einzigen Unterschiede liegen darin, daß zum einen die Ablaufvorschrift in der Bearbeitungsphase fest extern vorgegeben ist und nicht erst wie in der Vorbereitungsphase während der Laufzeit automatisch abhängig von der aktuellen Zellensituation generiert und optimiert wird, und daß zum anderen die zentrale Aufgabe der Ablaufsteuerung in der Bearbeitungsphase im Gegensatz zur Vorbereitungsphase die Ausführung von Fertigungsvorgängen ist. Ist der Auftrag schließlich zu Ende bearbeitet, wird er zum letzten Mal mit einem Datumsstempel versehen und die bearbeitungsphasen-spezifische Auftragsvariable zurückgesetzt. Dann wird der Auftrag zurück in die Datenbank an die dafür vorgesehene Stelle geschrieben und als Zellenrechnerkonstrukt gelöscht. Bevor die Bearbeitungsphase in den Wartezustand fällt, startet sie noch die Vorbereitungsphase, sofern diese nicht auf eine neue Auftragseinlastung wartet, sondern darauf, ihren zweiten Teil ausführen zu können (Bild 27).

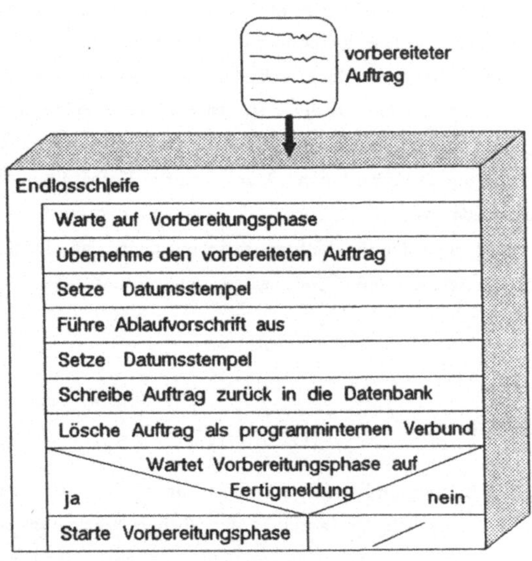

Bild 31: Struktogramm der Bearbeitungsphase

6.3.5. Einfluß der Auftragsprioritäten auf die gesamte Auftragsabwicklung

Zunächst sollen die Auswirkungen der verschiedenen Prioritätsstufen der *Fertigungsaufträge* auf die einzelnen Auftragsabwicklungsphasen betrachtet werden, um anschließend die Unterschiede zum 'Definierten Halt' als *inversen Auftrag* aufzeigen zu können.

<u>Eilauftrag</u>

Eilaufträge sind höher prior als normale Aufträge, deren Auftragsabwicklung in den Kapiteln 6.3.1. bis 6.3.4. beschrieben worden ist, und werden natürlich vor den normalen Aufträgen ausgeführt, auch wenn dadurch zwischen den Aufträgen Umrüstungen in der Zelle nötig werden, die bei einer anderen Auftragsreihenfolge vermieden werden könnten. Deshalb wird jeder Eilauftrag, der bei der Behandlung aller neu eingelasteten Aufträge in der Dispositionsphase entdeckt wird, aus der Auftragsliste entfernt und in eine getrennte temporäre FIFO-Liste für Eilaufträge gehängt (Bild 32). Beim ersten in einem neu eingelasteten Auftragspaket entdeckten Eilauftrag muß überprüft werden, ob gerade die Vorbereitungsphase einen Auftrag vorbereitet, der von normaler Priorität ist. Ist dies der Fall, so soll die Vorbereitungsphase an einer definierten Stelle abgebrochen werden, so daß der sich in der Vorbereitung befindliche Auftrag erst wieder nach Durchführung aller eingelasteten Eilaufträge, aber vor allen anderen anstehenden Aufträgen normaler Priorität zur Vorbereitung gelangen kann. Dies läßt sich dadurch erreichen, daß dieser Auftrag an den Anfang der Auftragsliste mit einem zeitlichen Vermerk über den Abbruch in der Vorbereitungsphase gehängt wird; denn alle neu eingelasteten Aufträge hängen ja am Ende der Auftragsliste. Die Vorbereitungsphase kann definiert abgebrochen werden, indem gewartet wird, bis alle zur Zeit im technischen Prozeß aufgerufenen Arbeitsschritte beendet sind, ohne daß ein neuer in der Ablaufvorschrift folgender Arbeitsschritt gestartet wird. Ein solcher definierter Abbruch ist natürlich sowohl im ersten als auch im zweiten Teil der Vorbereitungsphase möglich, da er direkt auf den Algorithmus der gerade aktiven Ablaufsteuerung wirkt.

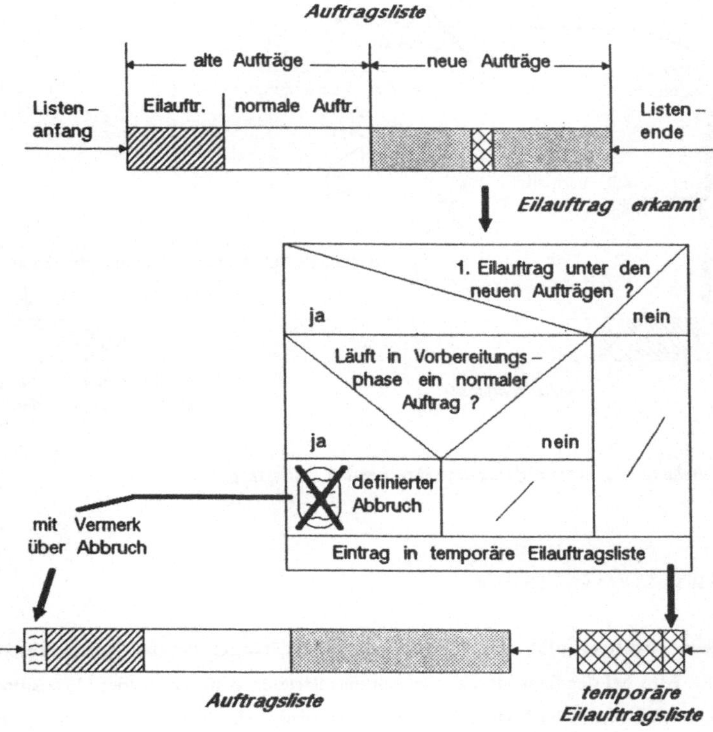

Bild 32: Behandlung eines Eilauftrags

63

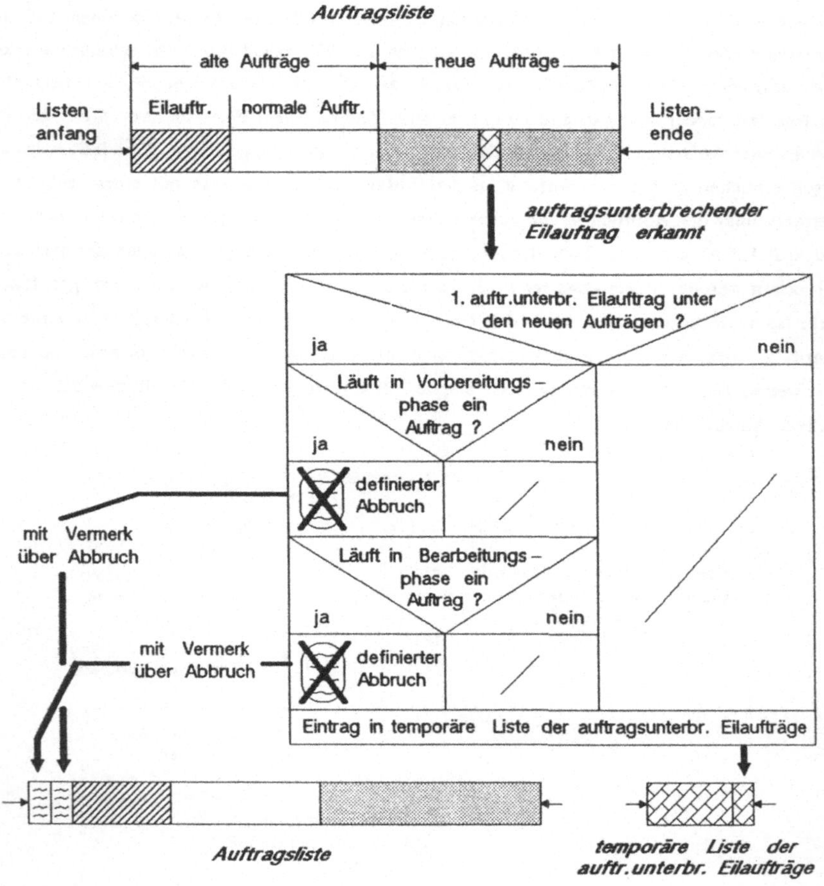

Bild 33: Behandlung eines auftragsunterbrechenden Eilauftrags

auftragsunterbrechender Eilauftrag

Neben dem Eilauftrag gibt es auch noch die Prioritätsstufe des auftragsunterbrechenden
Eilauftrags. Wird bei der Behandlung aller neu eingelasteten Aufträge in der Dispositionsphase
ein auftragsunterbrechender Eilauftrag entdeckt, so wird auch dieser aus der Auftragsliste entfernt und in eine getrennte temporäre FIFO-Liste für auftragsunterbrechende Eilaufträge
eingehängt. Im Unterschied zum Eilauftrag wird zusätzlich noch der sich in der Bearbeitungs-

phase befindliche Auftrag definiert abgebrochen, um später fertig bearbeitet zu werden (Bild 33). Im Gegensatz zur Vorbereitungsphase läßt sich die in der Bearbeitungsphase aktive Ablaufsteuerung nicht unmittelbar nach Beenden der im Moment laufenden Arbeitsschritte abbrechen. Es würden zwar nach einem solchen Abbruch nur definierte und eindeutig erfaßbare Zustände in der Zelle vorherrschen, aber eventuell könnte ein Werkstück bei einer außerplanmäßigen Unterbrechung des Fertigungszyklus Schaden erleiden, wenn zum Beipiel erst später die restlichen Arbeitsschritte in einer neuen Aufspannung ausgeführt würden. Deshalb darf ein Auftrag in der Bearbeitungsphase nur nach der Beendigung aller Arbeitsschritte an einem Werkstück abgebrochen werden. Dies läßt sich einfach dadurch erreichen, daß die momentan erreichte Iststückzahl gerettet und anschließend so hochgesetzt wird, daß die Losgrößen-Schleife beim Vergleich von Iststückzahl und Losgröße als Schleifenkriterium abgebrochen wird. Die gerettete Iststückzahl und ein zeitlicher Vermerk der Unterbrechung werden dem Auftrag mitgegeben, wenn er an den Anfang der Auftragsliste gehängt wird, also noch vor dem in der Vorbereitungsphase abgebrochenen Auftrag.

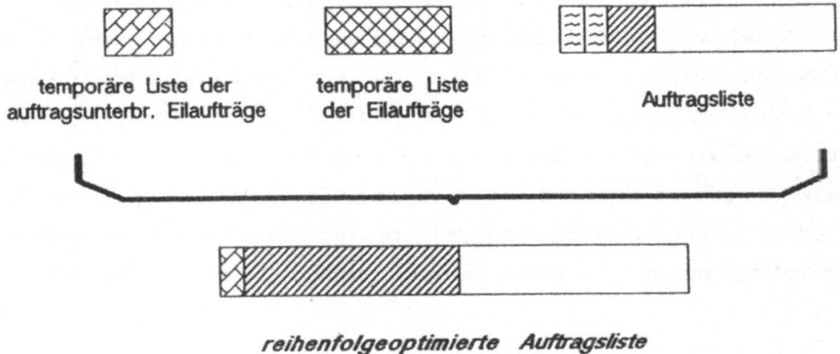

Bild 34: Nach Prioritäten geordnete Auftragsliste

prioritätsgemäße Ordnung in der Auftragsliste

Ist die Behandlung aller neu eingelasteten Aufträge abgeschlossen, so existieren drei Listen (Bild 34): eine temporäre Liste für neu eingelastete auftragsunterbrechende Eilaufträge, eine temporäre Liste für neu eingelastete Eilaufträge und die Auftragsliste, in der am Anfang alle alten Aufträge und am Ende alle neu eingelasteten normalen Aufträge stehen. Nachdem alle alten Eilaufträge aus der Auftragsliste gelöscht und vor die neu eingelasteten Eilaufträge in der betreffenden temporären Liste eingehängt worden sind, wie es der zeitlichen Reihenfolge ihres

Einlastungszeitpunktes entspricht, existieren schließlich drei Listen für die drei möglichen
Prioritäten, wobei für die Liste aller auftragsunterbrechenden Eilaufträge nur die theoretische
Wahrscheinlichkeit existiert, daß sie mehr als ein Element enthält. Deswegen wird eine Opti-
mierung der Auftragsfolge nur für die normalen Aufträge und für alle Eilaufträge in getrenn-
ten Listen nach dem Kriterium der minimalen Rüstzeit (vgl. Kapitel 6.1.1.) durchgeführt.
Nach dem Optimierungslauf werden die drei Listen in der Weise wieder zur ursprünglichen
Auftragsliste zusammengesetzt, daß zunächst die in ihrer Reihenfolge optimierten normalen
Aufträge, dann die ebenfalls vertauschten Eilaufträge und am Anfang die auftragsunterbrechenden Aufträge stehen.

'Definierter Halt' mit normaler Priorität

Im Unterschied zu der prioritätsgemäßen Behandlung von Fertigungsaufträgen stellt sich die
Behandlung eines 'Definierten Halts' als einfacher heraus. Wird nämlich ein Auftrag während
der Behandlung aller neu eingelasteten Aufträge in der Dispositionsphase als 'Definierter Halt'
erkannt, so brauchen die nachfolgenden neu eingelasteten Aufträge in der Auftragsliste keiner
Behandlung mehr unterzogen zu werden; denn es kann sich dabei höchstens um Aufträge handeln, die dadurch bedeutungslos werden, daß sie quasi gleichzeitig mit dem 'Definierten Halt'
von einer anderen aktiven Quelle eingelastet worden sind. Ein 'Definierter Halt' kann nämlich
sinnvollerweise nur aktiv eingelastet werden. Alle Aufträge in der Auftragsliste werden daraufhin gelöscht. Sollte bereits eine temporäre Liste für Eilaufträge bzw. auftragsunterbrechende Eilaufträge angelegt worden sein, so werden auch diese Listeneinträge gelöscht.

'Definierter Halt' als Eilauftrag

Handelt es sich bei dem 'Definierten Halt' um einen Eilauftrag, so wird entsprechend der
Vorgehensweise für einen Fertigungsauftrag dieser Prioritätsstufe die Vorbereitungsphase definiert abgebrochen, sofern sich dort gerade ein Auftrag befindet. Der abgebrochene Auftrag
wird jedoch auch nicht mehr in die Auftragsliste aufgenommen.

'Definierter Halt' als auftragsunterbrechender Eilauftrag

Handelt es sich bei dem 'Definierten Halt' sogar um einen auftragsunterbrechenden Eilauftrag, so wird analog der Behandlung eines Fertigungsauftrags dieser Prioritätsstufe nicht nur

ein in der Vorbereitungsphase befindlicher Auftrag, sondern auch ein Auftrag, der sich in der
Bearbeitungsphase befindet, in der beschriebenen Weise definiert abgebrochen. Der Auftrag
kann später fertig bearbeitet werden. Die bereits erreichte Iststückzahl des in der Bearbeitungsphase abgebrochenen Auftrags wird neben einem zeitlichen Vermerk über den Abbruch
in den Auftragsdaten festgehalten, wenn er in die Datenbank zurückgeschrieben wird. In die
zellenrechnerinterne Auftragsliste wird er jedoch ebenfalls nicht mehr aufgenommen.

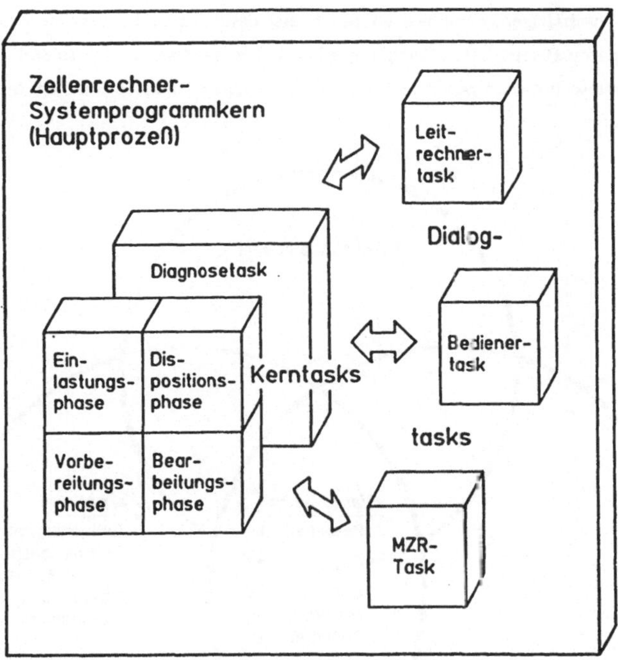

Bild 35: Zellenrechner-Systemprogrammkern als Multitaskingsystem

6.4. Prozeßarchitektur des Zellenrechner-Systemprogrammkerns

Wie sich aus den Kapiteln 6.3.1. bis 6.3.4. ergibt, macht die Auftragsabwicklung eine parallele
Verarbeitung erforderlich. Dabei läßt sich jede der vier Phasen (Bild 27) auf eine eigene Task
abbilden. Diese ist der Auftragsabwicklung untergeordnet und bildet nur im Zusammenhang

mit den anderen Tasks eine lauffähige Programmeinheit. Zudem benutzen alle Tasks intensiv gemeinsame globale Variable, deren Gültigkeitbereich sich jedoch auf die Auftragsabwicklung beschränkt. Aus diesen Gründen sollen die nebenläufigen Prozesse in einem als Multitaskingsystem ausgelegten Programm (Bild 35) realisiert werden. Das Multitaskingsystem bildet das Strukturgerüst des Zellenrechner–Systemprogrammkerns und beinhaltet neben der Auftragsabwicklung noch die Diagnosefunktionen zur Fehlerbeseitigung in einer eigenständigen Diagnosetask, da diese im Fall einer Störung ebenfalls sehr eng mit allen Programmteilen der Auftragsabwicklung zusammenarbeiten muß. Sich mit der zentral im Systemprogrammkern installierten Diagnosetask zu beschäftigen, lohnt sich allerdings erst dann, wenn das gesamte Programmpaket für den regulären Betrieb eines Fertigungszellenrechners entworfen ist, so daß die für eine umfassende Diagnose notwendigen Programmschnittstellen und konzeptionellen Ansatzpunkte klar ersichtlich sind.

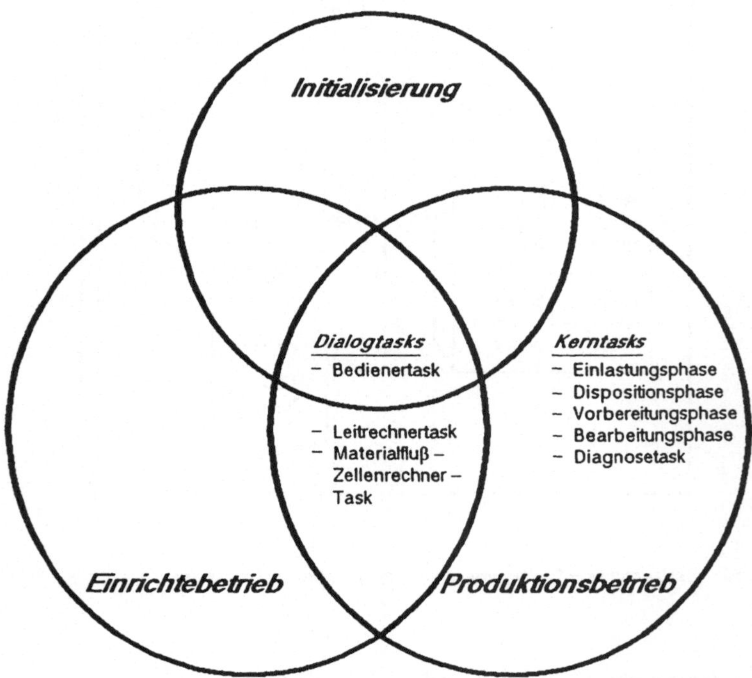

Bild 36: Zuordnung der Kern– und Dialogtasks zu den Zellenrechner–Betriebsarten

Die Diagnosefunktionen im Einrichtebetrieb (Testläufe, vgl. Kapitel 5.2.3) können dagegen nur anstatt der soeben beschrieben fünf Tasks (*Kerntasks*) für den Produktionbetrieb ausgeführt werden (Wechsel der Betriebsart). Sie werden ausschließlich auf Bedienerinitiative hin eingeleitet und sind deswegen Bestandteil des Bedienerdialogs, aber trotzdem Kernaufgabe des Zellenrechners, da ein erfolgreich beendeter Einrichtebetrieb unbedingte Voraussetzung für den Produktionsbetrieb ist.

Während die organisatorischen und operationellen Dienstleistungsmodule (Bild 22) rein prozeduralen Charakter haben und an jeder Stelle der Auftragsabwicklung mittels eines Prozeduraufrufs eingebunden werden können, werden die Kommunikatonsfunktionen von eigenständigen Tasks (*Dialogtasks*, Bild 36) bereitgestellt, um auf eine asynchrone Dialogaufnahme seitens Leitrechner, Materialflußzellenrechner und Bediener reagieren zu können. Die Dialogtasks weisen eine enge Bindung mit der Auftragsabwicklung auf und ergeben nur im Verbund mit allen anderen Tasks des Systemprogrammkerns einen Sinn. Deswegen werden sie sinnvollerweise ebenfalls als Subtasks in dem Multitaskingsystem des Zellenrechner–Systemprogrammkerns eingebunden. Der Bedienerdialog unterstützt zudem nicht nur permanent die Kernaufgaben, sondern übernimmt im Fall des Einrichtebetriebs sogar selbst Kernaufgaben, denen selbstverständlich genauso wie den Kernaufgaben im Produktionsbetrieb die Dienstleistungen der anderen Dialogtasks zur Verfügung stehen.

6.5. Kommunikation mit dem Leitrechner

Jede Rechnerkommunikation läßt sich prinzipiell in zwei Anteile aufspalten, nämlich in den *Austausch von Meldungen* und in den *dazugehörigen Datentransfer* (Bild 37). Sie kann sich natürlich auch auf einen dieser beiden Anteile beschränken. Beim sinnvollen Einsatz dieser Trennung beinhaltet eine Meldung lediglich eine Kurzmitteilung und einen Schlüssel für den Zugriff auf die dazugehörigen Daten, die sich entweder in der Datenbank oder in einem File befinden. Dadurch läßt sich eine *zeitliche und örtliche Entkopplung* erreichen. Die zeitliche Entkopplung wird hauptsächlich dadurch erreicht, daß ein Rechner völlig unabhängig vom Abholzeitpunkt des Zielrechners größere Datenpakete in einem Datenpuffer ablegen kann, und die Synchronisation der beiden Rechner sich lediglich auf das Verschicken einer telegrammartigen Meldung reduziert. Eine weitere zeitliche Entkopplung entsteht dadurch, daß beide Rechner während des Datentransfers jederzeit eine weitere wichtige Meldung von ihrem Kommunikationspartner empfangen können. Sind die Daten nicht nur in einem nach einer Störung rekonfigurierbaren Datenpuffer getrennt von der eigentlichen Meldung aufgehoben, sondern werden auch auf getrennten Kanälen verschickt, so bedeutet dies eine zweifache örtliche Entkopplung.

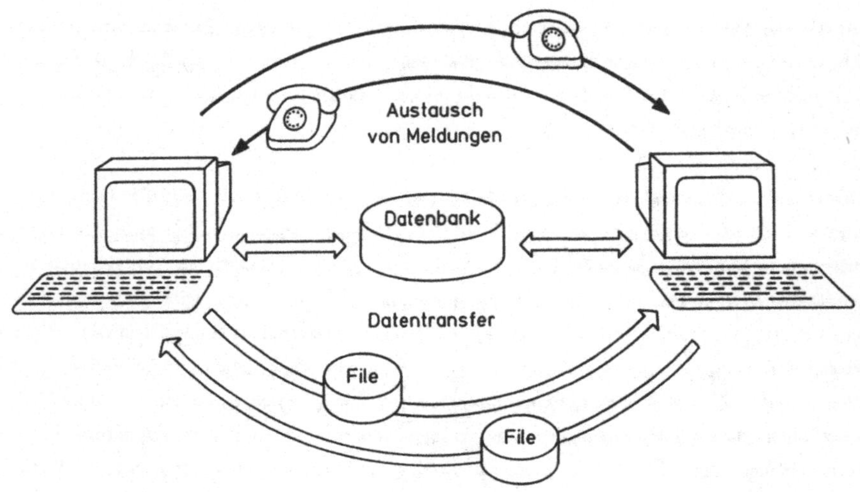

Bild 37: Zeitliche und örtliche Entkopplung in der Rechnerkommunikation

Bis zu welchem Grad sich diese Entkopplung zum Beispiel bei der Kommunikation zwischen Leitrechner und Fertigungszellenrechner erreichen läßt, hängt allein von der Systemumgebung ab. Bei einer Rechnervernetzung (Bild 38) läßt sich die gewünschte Entkopplung auf alle Fälle erreichen. Aufwendiger wird dies bei Punkt-zu-Punkt-verbundenen Rechnern, wo in der Regel schon eine Einschränkung dadurch erfolgt, daß über ein und denselben Kanal Meldungen und Daten übermittelt werden. Eine zeitliche Entkopplung läßt sich jedoch einerseits über vorher angelegte Files erreichen, die dann bei Bedarf vom anderen Rechner gelesen werden können, und andererseits dadurch, daß trotz eines eventuell langwierigen Datentransfers auf demselben Kanal währenddessen der Austausch dringender Meldungen erlaubt ist (Bild 39). Nachdem Punkt-zu-Punkt-Verbindungen gerade im Werkstattbereich sehr störanfällig sind, werden zu diesem Zweck neben hardwaremäßigen Verbesserungen oft auch zeitaufwendige Sicherungsprotokolle (zum Beispiel die LSV2-Prozedur /57,58/) zur Übertragung eingesetzt. Der Nachteil bei der Verwendung solcher Protokolle liegt allerdings darin, daß zusätzlich zu dem protokollbedingten Overhead aufwendige Verwaltungsprozeduren erforderlich werden zur unterschiedlichen Behandlung von Telegrammen abhängig davon, ob sie eine Meldung oder ein Datenpaket beinhalten.

Inhaltlich fallen unter die vom Leitrechner an den Fertigungszellenrechner verschickten Meldungen (*Kommandos*) die Auftragseinlastung und die Abfrage globaler Programmdaten (Bild 38). Im Fall einer Auftragseinlastung holt sich die Leitrechnertask zunächst unter dem in der

Meldung mitgelieferten Schlüssel alle Zellenaufträge zusammen mit ihren Begleitdaten von der Datenbank und trägt diese dann in die Einlastungsliste ein. War die Einlastungsliste bis dahin

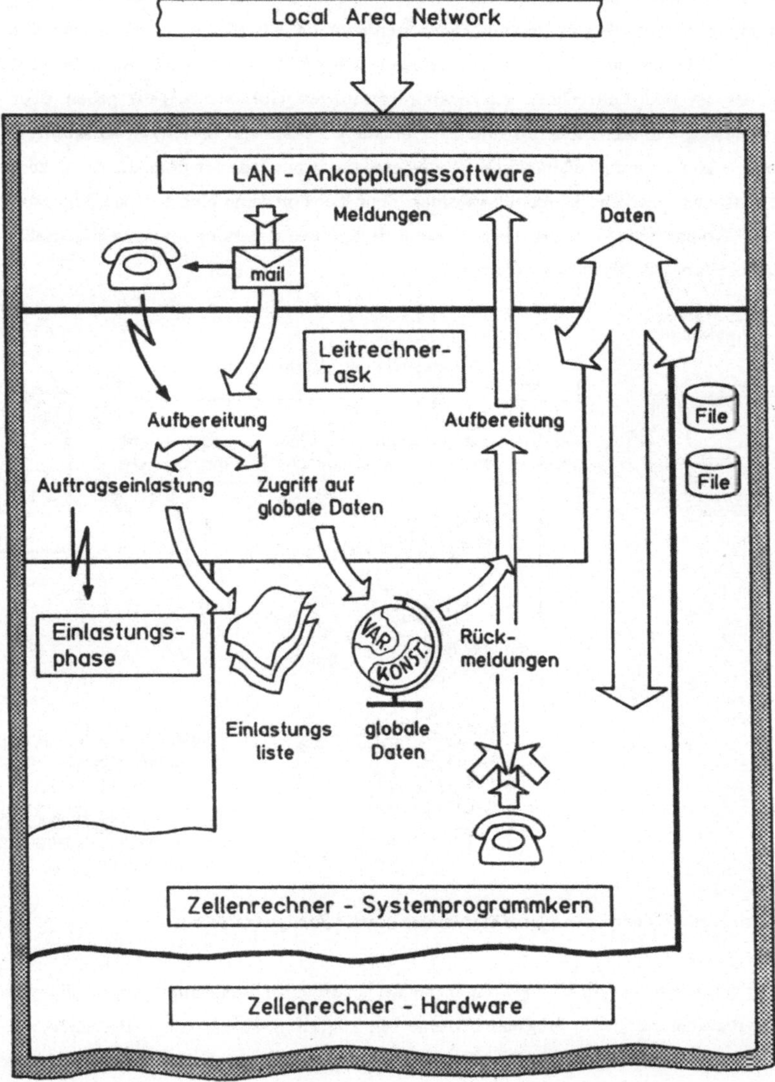

Bild 38: Leitrechner-Kommunikation im Zellenrechner-Systemprogrammkern

leer, so startet die Leitrechnertask die Einlastungsphase. Für besondere Fälle (zum Beispiel bei einer Zellenrechnerstörung) besteht für den Leitrechner die Möglichkeit, über die im Zellenrechner-Systemprogrammkern integrierte Leitrechnertask auf dort gültige globale Variablen zuzugreifen – zum Beispiel zur Abfrage, welcher Auftrag sich gerade in der Vorbereitungsphase befindet. Die gewünschten Daten werden dann entweder unmittelbar oder über die Datenbank unter einem bei der Anfrage angegebenen Schlüssel zurückgemeldet. Die vom Zellenrechner an den Leitrechner geschickten Meldungen (*Rückmeldungen*) geben über den Auftragsstatus, den Zellenstatus sowie über erkannte Fehler und Störungen Auskunft. Rückmeldungen können vom Zellenrechner-Systemprogramm nur indirekt über die dafür zuständige Task an den Leitrechner geschickt werden; denn nur dort kann eine zentrale Anpassung der Standard-Kommunikationsfunktionen an die reale Rechnerumgebung und eine inhaltsabhängige Aufbereitung der Nachricht erfolgen.

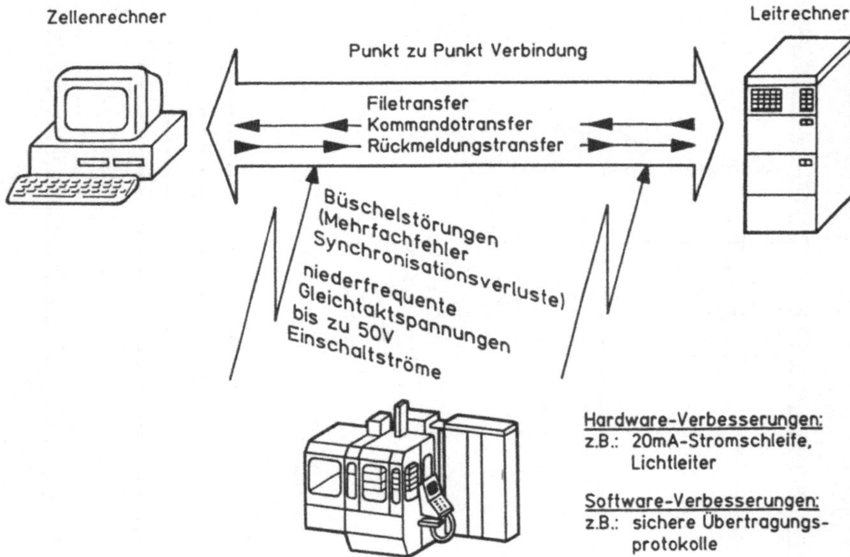

Bild 39: Serielle Punkt-zu-Punkt-Verbindung zweier Fertigungsrechner

In einer vernetzten Rechnerumgebung kann der Leitrechner unabhängig vom Zellenrechner-Systemprogramm auf jedes programmexterne File zugreifen, auch wenn Leitrechner und Zellenrechner auf verschiedener Rechnerhardware installiert sind. In der Regel handelt es sich bei den für den Leitrechner interessanten Files um Steuerprogramme, um Logfiles oder um Files mit auftragsabhängigen Daten des technischen Prozesses.

Nachdem der Materialflußzellenrechner in der Lage ist, dem Leitrechner im Fehlerfall zumindestens in seinen wichtigsten Funktionen zu ersetzen, enthält die Materialflußzellenrechnertask die gleichen *Funktionen zur Zellenrechnerführung* wie die Leitrechnertask (Bild 38). Als weitere Komponente enthält sie jedoch alle erforderlichen *Funktionen zum Zellenbedarfsabgleich*. Darunter fallen der Zellenbedarfsabgleich auftragsgebundener Betriebsmittel (Bild 18) sowie die Synchronisation beim Zugriff auf echt (Bild 17) oder temporär (Bild 16) gemeinsame Betriebsmittel.

Wie in Kapitel 6.3.3. beschrieben wird, sorgt eine einlaufende Anforderung in der Materialflußzellenrechnertask für den Eintrag des zellenexternen Bedarfs in eine dafür vorgesehene Liste und startet die Vorbereitungsphase, sofern sie gerade wartet, damit sie den externen Bedarf gleich soweit wie möglich erfüllen kann. Die anderen Funktionen zum Zellenbedarfsabgleich wurden bereits in Kapitel 4.4. beschrieben. Deswegen bleibt an dieser Stelle noch, das Realisierungsprinzip für den gegenseitigen Ausschluß beim Zugriff auf gemeinsame Betriebsmittel zu erläutern.

Das Zusammenspiel zwischen Reservieren und Freigeben von gemeinsamen Betriebsmitteln läßt sich am besten durch das Token-Prinzip /45/ (vgl. Petri-Netz-Theorie in Kapitel 7.8.) realisieren. Dabei erhält jedes permanent oder temporär gemeinsame Betriebsmittel systemweit eine Marke (Token), die sich der zugriffswillige Prozeß beim Reservieren nimmt und beim Freigeben wieder zurücklegt. Kann das Reservieren nicht sofort erfolgen, muß vor dem Eintritt in den kritischen Programmbereich solange gewartet werden, bis die Marke zurückgelegt ist. Die Verwaltung der Marke übernimmt im Fall eines temporär gemeinsamen Betriebsmittels die Materialflußzellenrechnertask des dafür verantwortlichen Zellenrechners, im Fall eines (für mehrere Zellen) permanent gemeinsamen Betriebsmittels der Materialflußzellenrechner. Weist dieser die Marke für ein permanent gemeinsames Betriebsmittel einem Zellenrechner zu, so kann dieser die Marke selbst exklusiv an alle seine Prozesse weiterreichen, die gerade das Betriebsmittel benötigen; denn gemeinsame Betriebsmittel teilen sich nicht nur Zellenrechner untereinander, sondern auch Prozesse in ein und demselben Zellenrechner (zum Beispiel Vorbereitungsphase und Bearbeitungsphase). Wird das permanent gemeinsame Betriebsmittel momentan vom Zellenrechner nicht mehr benötigt, so gibt er es wieder frei, indem er die dazugehörige Marke an den Materialflußzellenrechner zurückschickt.

6.7. Dialog mit dem Bediener

Trotz zunehmender Automatisierung flexibler Fertigungssysteme verbleiben für den Menschen neben einigen manuellen Arbeitsvorgängen auch eine Reihe von Steuerungs- und Überwachungsaufgaben im Einrichte- und Produktionsbetrieb, die für die Sicherheit und Zuverlässigkeit der Anlagen von großer Bedeutung sind /59/.

Terminals im 'Leitstand' flexibler Fertigungszellen bilden die Schnittstelle zwischen Mensch und Maschine. Der Bedienerdialog (*Mensch-Maschine-Kommunikation*) steht dabei unter dem Einfluß der wachsenden Anlagenkomplexität, so daß sich der Schwerpunkt der menschlichen Tätigkeit von der Funktion des Regelns auf die des Überwachens und Entscheidens verlagert /60/. Das erfordert die Einrichtung einer komfortablen, werkstattgerechten Benutzerschnittstelle, die dem Bedienpersonal möglichst schnell einen umfassenden Überblick über den Systemzustand gewährt, einfache Eingabemöglichkeiten am Terminal zur Verfügung stellt und gegenüber Bedienfehler weitgehend unempfindlich ist. Im folgenden soll jedoch ausschließlich die Funktionalität des Bedienerdialogs betrachtet werden, während die sicherlich genauso wichtigen ergonomischen Aspekte der Informationsaufbereitung, der Bedienerführung und der Terminalgestaltung (60,61,62)) im Rahmen dieser Arbeit außer acht gelassen werden sollen.

Die in Kapitel 5.3. zusammengestellten Funktionen des Bedienerdialogs lassen sich in folgende vier Klassen einteilen, die sich aus der Kombination von Dialoginitiative und Datenziel ergeben:

<u>Bedienerinitiative:</u>
- *Editorfunktionen:*
  Der Bediener speist den Zellenrechner (Datenziel) mit Daten.
- *Auskunftsfunktionen:*
  Der Bediener (Datenziel) fordert eine Auskunft vom Zellenrechner.

<u>Zellenrechnerinitiative:</u>
- *Instruktionsfunktionen:*
  Der Zellenrechner erteilt dem Bediener eine Instruktion und erwartet von ihm eine Antwort. Damit stellt der Zellenrechner letztendlich das Datenziel dar.
- *Monitorfunktionen:*
  Der Zellenrechner zeigt dem Bediener (Datenziel) unaufgefordert Daten an.

Daneben lassen sich die Funktionen des Bedienerdialogs auch in *anwählbare* und *permanent aktive Funktionen* unterscheiden, wobei die anwählbaren Funktionen sich noch einmal danach unterteilen lassen, in welcher Betriebsart sie aufgerufen werden können (Bild 40).

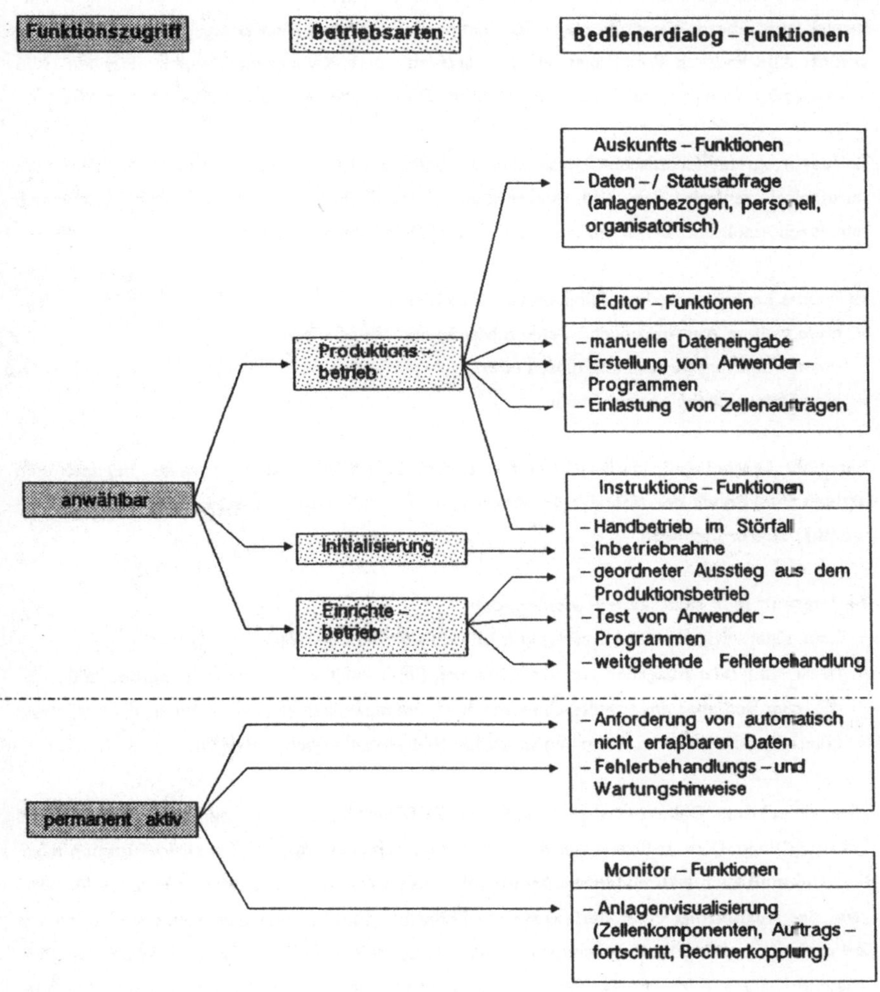

Bild 40: Einteilung der Bedienerdialog-Funktionen

Nachdem die Monitorfunktionen allein auf eine Terminalausgabe beschränkt sind, können diese im Prinzip von jeder Stelle im Zellenrechner-Systemprogramm aufgerufen werden, sofern dafür ein eigenes Terminal oder zumindest ein eigener Bildschirmbereich zur Verfügung steht. Kann dies nicht garantiert werden, so müssen diese Funktionen ebenfalls von der Bedienerdialogtask mit übernommen werden, die dann die Bildschirmverwaltung an zentraler Stelle ausübt. Alle anderen Funktionen werden dagegen durch asynchrone Bedienereingaben (Bild 41) ausgelöst, so daß sie in jedem Fall nur über die Bedienertask abgewickelt werden können.

Bei der programmtechnischen Umsetzung der Bedienerdialog-Funktionen bietet das Bedienerterminal als zentrales Ein- und Ausgabegerät in zweifacher Hinsicht einen Engpaß, der sich nur durch erhöhten Verwaltungsaufwand in der Dialogtask lösen läßt:

Einerseits kann eine Bedienereingabe zum Ziel haben,
- ohne weitere Auswirkungen in einem Menüpunkt weiterzublättern,
- einen Funktionswechsel auszulösen oder
- eine Dateneingabe vorzunehmen.

Bei einer Dateneingabe muß außerdem sichergestellt werden, daß sie zunächst bei mehreren aktiven Funktionen der richtigen Funktion und innerhalb einer Funktion dem richtigen Menüpunkt zugeordnet wird.

Andererseits muß sichergestellt werden, daß
- kein gegenseitiges Überschreiben von Bildschirminhalten erfolgt,
- quasi-simultane Ausgaben von verschiedenen Funktionen nicht vermischt werden und
- die vom Bediener angewählte Cursorposition immer beibehalten wird, wenn auch während einer Eingabe mehrere Ausgaben in andere Bildschirmbereiche erfolgen.

Eine asynchrone Dialoginitiative seitens des Zellenrechner-Systemprogramms (zum Beispiel Wartungshinweis) ist jederzeit während einer vom Bediener angewählten Dialogfunktion möglich und muß auch währenddessen verarbeitet werden können. Außerdem ist es sinnvoll, während der Ausführung einer umfangreichen Funktion (zum Beispiel Editieren oder Testen von Zellenabläufen) eine kurze Auskunftsfunktion (zum Beispiel Abfrage von Hilfsdaten zur Programmerstellung oder von Statusmeldungen während eines Testlaufs) aufrufen und anschließend in der unterbrochenen Funktion weiter fortfahren zu können. Diese Anforderungen machen eine dialogtask-interne Prozeßarchitektur notwendig (Bild 41).

Wie komfortabel sich eine solche Prozeßarchitektur realisieren läßt, hängt natürlich von der

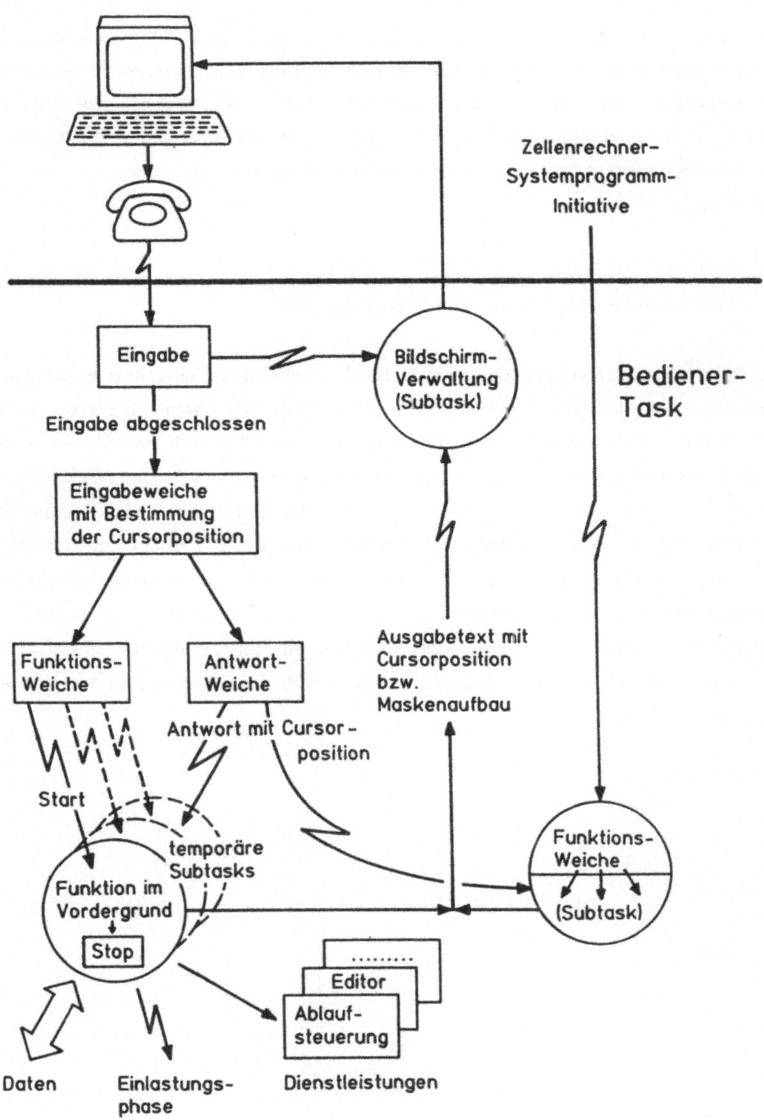

Bild 41: Bedienerdialog im Zellenrechner-Systemprogrammkern

Programmierumgebung ab. So macht es beispielsweise die Programmiersprache ADA /75,76/ durch ihr in der Sprache selbst verwirklichtes *generisches Taskkonzept* möglich, eine universelle Task zu schreiben, die alle vom Bediener aufrufbaren Funktionen ausführen kann, und diese während der Laufzeit temporär beliebig oft nebeneinander zu installieren. Dabei stellt jede dieser temporären Tasks eine Subtask der Bedienerdialogtask und damit eine Sub-Subtask des Zellenrechner-Systemprogrammkerns (vgl. Kapitel 6.4.) dar und übernimmt jeweils eine aufgerufene Dialogfunktion. Ist die Funktion fertig ausgeführt oder vom Bediener beendet, löscht sich die temporäre Task selbst.

6.8.   Statistische Datenauswertung und Datenkonzentration

Zur Entlastung des übergeordneten Leitrechner soll bereits im Zellenrechner eine statistische Auswertung aller erfaßten Daten und eine Konzentrierung des Datenbestands vorgenommen werden. Diese Dienstleistungsfunktion (vgl. Kapitel 5.3.) stellt jedoch sinnvollerweise keinen Bestandteil des Zellenrechner-Systemprogrammkerns dar; denn es ist weder zweckmäßig diese Funktion über eine Dialogtask aufzurufen, noch sie gleich bei jeder Datenerfassung auszuführen. Dagegen läßt diese Aufgabe vollkommen unabhängig vom Zellenrechner-Systemprogrammkern in einem parallel dazu installierten eigenständigen Programm durchführen, wo in einem gewissen zeitlichen Abstand eine zyklische Verarbeitung der vom Zellenrechner-Systemprogrammkern angelegten Datenbestände geschehen kann. Bei dieser Realisierung bleibt zudem offen, auf welcher Rechnerhardware dieses Vorstufenprogramm zum Leitrechner installiert wird.

7. Realisierung der Ablaufsteuerung

7.1. Definitionen

Die Ablaufsteuerung ist zwar nur ein Dienstleistungsmodul (vgl. Kapitel 5.3.), das an verschiedenen Stellen (Vorbereitungsphase, Bearbeitungsphase, Bedienertask, Diagnosetask) des Zellenrechner-Systemprogrammkerns Einsatz findet, bildet aber dennoch die zentrale Wirkstelle für die eigentliche Aufgabe eines Zellenrechners, nämlich die zeitliche und logische Koordination der rechnerexternen Arbeitsschritte in den untergeordneten Zellenkomponenten.

Unter einer *Zellenkomponente* soll maschinenbaulich eine Werkzeugmaschine, ein Roboter etc. verstanden werden und steuerungstechnisch die dazugehörige CNC-, RC- bzw. SPS-Steuerung. Deswegen sind aus der Sicht des Zellenrechners zunächst einmal alle funktionalen Einheiten im technischen Prozeß eigenständige Zellenkomponenten, wenn sie für ihn ansteuerbar sind. Darunter fallen auch alle intelligenten (zum Beispiel Visionsysteme) und nicht-intelligenten (zum Beispiel Schalter) Sensoren. Die Zuordnung zwischen einer logisch ansprechbaren Komponente und der konkreten physikalischen Realisierung an der dazugehörigen Rechnerschnittstelle soll dabei im Zellenrechner völlig flexibel gehandhabt werden. Jede logische Zellenkomponente wird deshalb durch einen eigenen im Zellenrechner installierten für diese Anpassungsaufgabe *erweiterten Komponententreiber* /63/ repräsentiert. Da jeder Komponententreiber mit einer Standardschnittstelle ausgerüstet ist, läßt sich bezüglich des Dialogs mit der realen Rechnerperipherie ein hoher Abstraktionsgrad erreichen (vgl. Kapitel 8.2.). Während der Zellenrechner in der Ablaufsteuerung nur *ansteuerbare Zellenkomponenten* koordinieren kann, fallen natürlich auch *nicht-ansteuerbare Zellenkomponenten* in seinen Verwaltungsbereich. Es handelt sich dabei zum Beispiel um Paletten, die hinsichtlich ihres Belegungszustandes oder der Zugriffserlaubnis verwaltet werden müssen.

Der Treiberbaustein für jede Komponente bietet dem Zellenrechner-Systemprogrammkern eine begrenzte Anzahl von aufrufbaren *Komponentenaktionen* an (vgl. Kapitel 8.2.). Eine solche Aktion bezieht sich nur auf eine einzelne (logische) Komponente und wirkt nie komponentenübergreifend. Außerhalb des Komponententreibers können weder zusätzliche Aktionen eingeführt werden, noch bestehende Aktionen in Mikroaktionen unterteilt werden. Die Komponentenaktion bildet damit aus der Sicht des Systemprogrammkerns den kleinsten operativen Schritt, der von dort einzeln aufrufbar ist, und den eine Komponente autonom ausführen kann, ohne daß dazu ein weiterer Eingriff durch den übergeordneten Zellenrechner nötig wird. Der Abstraktionsgrad einer Aktion hängt von der Leistungsfähigkeit der jeweiligen

Komponentensteuerung beziehungsweise des dazugehörigen Treiberbausteins ab. So kann eine
Aktion für eine einzelne DNC-Funktion (zum Beispiel 'Programm_Start') stehen oder auch so
mächtig sein, daß sie problemorientiertes Programmieren (zum Beispiel 'Hole_Schrauber')
ermöglicht.

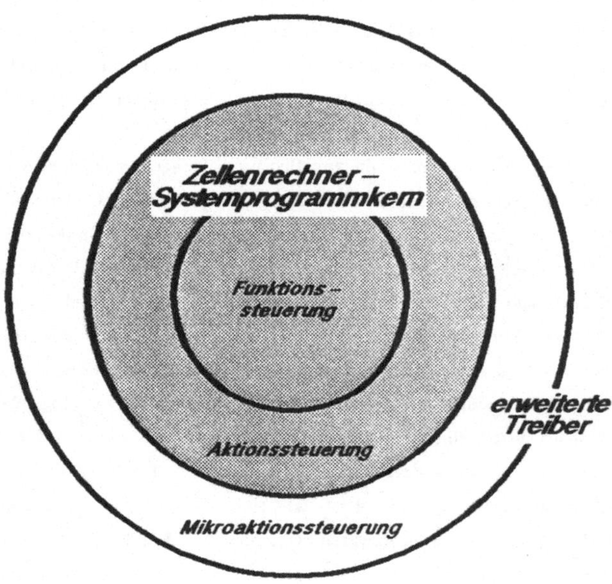

Bild 42: Schalenmodell für die Ablaufsteuerung im Fertigungszellenrechner

Die den Algorithmus betreffende Definition der Ablaufsteuerung findet sich in der DIN 19237
/64/. Es handelt sich danach um eine Steuerung mit zwangsläufig schrittweisem Ablauf, bei
der das Weiterschalten von einem Schritt auf den programmgemäß folgenden abhängig von
Weiterschaltbedingungen erfolgt. Führt dabei jeder Schritt wiederum einen Ablauf mit noch
feinerer Schritteinteilung aus, so kann sich ein mehrstufiges Ablaufsteuerungssystem ergeben,
bei dem jede Stufe für sich eine Ablaufsteuerung bildet. Während sich die Ablaufsteuerung im
Systemprogrammkern an den in der Zelle auszuführenden Komponentenaktionen orientiert –
im folgenden deswegen *Aktionssteuerung* (Bild 42) genannt –, kann in einem erweiterten
Komponententreiber ebenfalls eine Ablaufsteuerung (eventuell sogar mehrstufig) installiert
sein, die die aufgerufenen Komponentenaktionen in Mikroaktionen umsetzt (*Mikroaktions-*

steuerung, Bild 42). Andererseits ist es denkbar, der Aktionssteuerung im Systemprogrammkern eine *Funktionssteuerung* /59/ zu überlagern, deren Schrittweite von *Zellenfunktionen* bestimmt wird. Dabei soll unter einer Zellenfunktion ein umfassender, komponentenübergrei-
fender Arbeitsschritt (zum Beispiel 'Tausche_Werkstück_aus') verstanden werden, der erst in
der Aktionssteuerung in eine Folge von einzelnen Komponentenaktionen aufgelöst wird.

7.2.   Offenes Realisierungskonzept

Die Ablaufsteuerung ist bei den heutigen Zellenrechner–Applikationen starr auf den speziellen
Einsatzfall zugeschnitten und fest in die Zellenrechner–Software eingeprägt (*geschlossenes
Realisierungskonzept*). In diesem Fall ist der Zellenbetreiber völlig abhängig vom
Systemanbieter, da es für ihn unmöglich ist, in die maßgeschneiderte Software einzugreifen.
Gerade bei komplexen flexiblen Montagezellen sind aber Modifikationen in der Konfiguration
und auftragsabhängige Ablaufvarianten die Regel. Der Zellenrechner muß deshalb für alle
vom Anwender ausführbaren Änderungen offen sein, ohne daß dadurch ein Eingriff in den
Quellcode erforderlich wird (*offenes Realisierungskonzept*).

Deshalb werden bisher zur Steuerung von Montagezellen in der Regel speicherprogrammierte
Steuerungen (SPS) eingesetzt. Der Vorteil liegt dabei in der einfachen Art der Anwendungsprogrammierung aufgrund von Symbolen /65/, wodurch sich eine völlige Universalität bei der
Erstellung einer Ablaufvorschrift erreichen läßt, wenn auch nur auf hardwareorientierter
Basis. Die Kommunikation mit untergeordneten Steuerungen ist nämlich auf den Austausch
von Einzelsignalen beschränkt, so daß sich eine SPS lediglich zum Starten von Steuerungen
aufgrund von konkret abfragbaren Signalzuständen, aber nicht zum Datenaustausch eignet
/46/. Eine Kommunikation über eine DNC–Schnittstelle ist also ausgeschlossen.

Im folgenden sollen die geeigneten Schnittstellen gesucht werden, um das Gesamtsystem 'Ablaufsteuerung' zur anwenderspezifischen Generierung und Programmierung so aufzubrechen,
daß es den Ansprüchen eines universellen Zellenrechner–Konzepts gerecht wird. Dazu gehört
die Nebenläufigkeit beliebig vieler Ablaufsteuerungen, die Realisierung beliebiger Zellenabläufe sowie die Ankopplung beliebig vieler und beliebig gearteter Komponenten, wobei alle
Einschränkungen bezüglich der Art des Informationsaustausches aufgehoben werden sollen.

Der Zellenrechner–Systemprogrammkern muß auf der einen Seite über die erweiterten Treibermodule in direktem Dialog mit allen in der Zelle eingesetzten ansteuerbaren Komponenten
stehen, um so seiner Steuerungs– und Überwachungsfunktion /26/ hinsichtlich aller Komponentenaktionen gerecht werden zu können. Auf der anderen Seite soll die aktuelle Konfiguration der Quellsoftware verborgen bleiben, so daß der Anwender selbst in der Lage ist, das
Zellenrechner–Systemprogramm für jede beliebige Zellenkonfiguration zu generieren.

Konfigurierbare Steuerungssoftware, die sich an unterschiedliche Anlagenkonfigurationen anpassen läßt, gibt es zwar schon (beispielsweise das an der Technischen Hochschule Aachen
entwickelte System KOSMOS /63/). Im Unterschied zu dem hier verfolgten Ziel tragen diese
Steuerungssysteme durch vorgefertigte Softwaremodule lediglich für den Systemanbieter zu einer Reduzierung der Softwarekosten bei, indem die Treibermodule bei der Systemgenerierung
auf Dauer in die Basissoftware integriert werden, stellen jedoch für den Anwender kein offenes System dar.

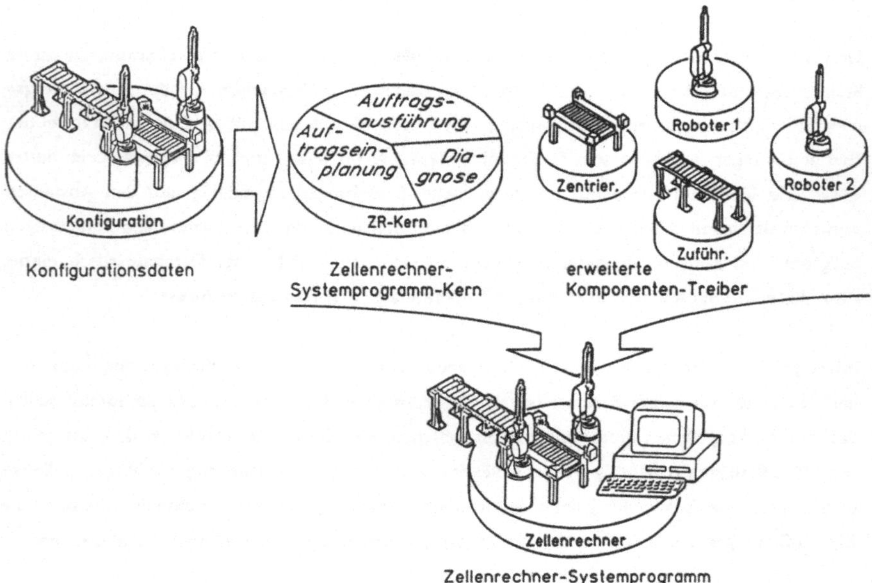

Bild 43: Generierung des Zellenrechner–Systemprogramms entsprechend der Zellenkonfiguration

Zur Einbindbarkeit jeder beliebigen Komponente (*Anpaßflexibilität* /39/) durch den Anwender soll der dazugehörige Komponententreiber jeweils mit einer Standardschnittstelle ausgestattet sein, die einerseits eine völlige Anonymität jeder Komponente gegenüber dem Systemprogrammkern gewährleistet und andererseits jeden möglichen Informationsaustausch zwischen Ablaufsteuerungs-Algorithmus und einer beliebigen Komponente erlaubt. Dies wird möglich, wenn sich die Kommunikation auf den Austausch von Texten einheitlichen Formats, aber völlig transparenten Inhalts beschränkt (vgl. Kapitel 8.2.). Bilden die Komponententreiber zudem eigenständige Programme (vgl. Kapitel 8.5.), ist zur Systemgenerierung lediglich der Start der eingesetzten Komponententreiber sowie die Einrichtung der entsprechenden Kommunikationskanäle erforderlich. Dies soll jedoch bei jeder Inbetriebnahme bzw. jedem Wiederanlaufen des Zellenrechners völlig automatisch erfolgen, sofern die dazu notwendigen Konfigurationsdaten in einem Datenfile (Bild 43) zur Verfügung stehen.

7.4. Universelles Konzept für die funktionsorientierte Ablaufsteuerung

7.4.1. Funktionsorientiertes Prinzip für den Entwurf der Ablaufsteuerung

Unabhängig, ob die Ablaufvorschrift für die Zelle fest in den Zellenrechner-Systemprogrammkern eingeprägt ist oder als Anwenderprogramm (vgl. Kapitel 7.4.3.) erstellt wird, sollte eine an einzelnen Komponentenaktionen orientierte Beschreibungsweise für diese Ablaufvorschrift möglichst vermieden werden; denn sie bietet gerade bei komplexen Zellenabläufen viel zu wenig Übersichtlichkeit und Programmierkomfort und birgt deshalb eine Reihe von Fehlermöglichkeiten in sich. Außerdem bringt sie eine starke Einschränkung in der Flexibilität und in der Zahl der Freiheitsgrade mit sich. Aus diesen Gründen lehnt Herrscher /59/ die geräteorientierte Betrachtungsweise ab und bevorzugt den funktionsorientierten Steuerungsentwurf, bei dem eine zu frühzeitige Zuordnung von Funktionen zu bestimmten Komponenten vermieden werden soll (*Funktionssteuerung*, vgl. Kapitel 7.1.). Diese Zuordnung soll deshalb erst in einer eigenständigen, tiefer gelegenen Steuerungsschicht, der *Aktionssteuerung* (vgl. Kapitel 7.1.) vollzogen werden. Auf diese Weise läßt sich für die Ablaufvorschrift eine Darstellungsform finden, die weniger detailliert und komplex ist, als dies bei einer komponentenorientierten Ablaufsteuerung der Fall wäre.

Dieses Prinzip bringt zwar eine Steigerung der programmtechnischen Übersichtlichkeit, bedeutet jedoch im Fall einer fest eingeprägten Ablaufvorschrift noch keine weitere Annäherung an das Ziel, die Ablaufsteuerung universell zu gestalten, außer die Funktionssteuerung läßt sich für alle erdenklichen Einsatzfälle parametrisieren /63/.

7.4.2. Parametrisierbarkeit der fest eingeprägten Funktionssteuerung

Um zu einer parametrisierbaren Lösung zu gelangen, müssen zunächst durch eine eingehende funktionale Analyse /66,67/ der allgemeinen flexiblen Fertigungszelle komponentenübergreifende Standardfunktionen ermittelt werden, die entweder integraler Bestandteil jeder Fertigungszelle sind (*Basis-Standardfunktionen*) oder Zusatzfunktionen abdecken (*optionale Standardfunktionen*). Das setzt natürlich eine große Übereinstimmung aller Fertigungszellen bezüglich der möglichen Konfigurationsformen voraus, damit die Anzahl aller Standardfunktionen überschaubar bleibt. Die Umsetzung dieser Funktionen auf konkrete Folgen von Komponentenaktionen kann dann in der Aktionssteuerung automatisch erfolgen, sofern dort die Aktionsfolgen für alle erlaubten Standardfunktionen bereitstehen. Das hat aber nicht nur eine überschaubare Funktionsanzahl zur Bedingung, sondern es muß sich auch aus allen Funktionen ohne weiteres auf die daran beteiligten logischen Komponenten schließen lassen, das heißt: wenigstens aufgrund von extern eingespeisten Konfigurationsdaten. Eine Zuordnung der logischen Komponenten zur realen Geräteumgebung findet dann endgültig außerhalb des Systemprogrammkerns in den erweiterten Treibern statt.

Die Ermittlung von Standardfunktionen reicht jedoch für eine universell einsetzbare Ablaufsteuerung noch nicht aus. Zusätzlich gilt es, einen *parametrisierbaren Standard-Ablaufzyklus* aufzustellen, der für alle flexiblen Fertigungszellen gilt und sich aus immer wiederkehrenden Basis-Standardfunktionen zusammensetzt. Darauf aufbauend können auch optionale Standardfunktionen in diesen Ablauf integriert werden, die konfigurationsabhängig ausgeführt oder übersprungen werden. Es soll dabei aufgrund von extern gelieferten Parameterwerten eine selbständige Anpassung des Ablaufzyklus an die realen Anforderungen erzielt werden.

Am iwb wurde für eine Bearbeitungszelle der Versuch unternommen, einen Standardzyklus, der aus den Basis-Standardfunktionen 'Werkstückbearbeitung' und 'Werkstückaustausch' besteht, allgemeingültig zu implementieren und für die Einbindung optionaler Standardfunktionen wie zum Beispiel 'Werkzeugaustausch' oder 'Werkzeug-Verschleißüberwachung' auszurüsten. Durch externe Daten wurden die optionalen Funktionen aktiviert und für jeden Zellenauftrag alle an der Werkzeugmaschine zu startenden Teileprogramme, alle Handhabungsprogramme für einen Werkstück- bzw. Werkzeugaustausch und alle Funktionen beteiligter Hilfseinrichtungen (zum Beispiel hydraulische Spanneinrichtung) in der dem Ablauf entsprechenden Reihenfolge eingespeist. Als Ergebnis dieser Arbeit kann vermerkt werden, daß sich für den Typ einer einfachen Bearbeitungszelle, die sich als wenig variantenreiche Fertigungszelle erweist, ein an Standardfunktionen orientierter Ablaufzyklus realisieren läßt, der sich vom Anwender durch die Eingabe von Parametern an Konfiguration und Ablauf aktuell anpassen läßt. Jedoch gelangt dieses Verfahren mit wachsender Anzahl an Freiheitsgraden schnell an seine Grenzen. Eine unabwendbare Folge davon ist eine immer größer werdende Anzahl von programminternen formalen Parametern und davon abhängigen geschachtelten Fallunterscheidungen bis zur völligen programmtechnischen Unübersichtlichkeit. Dies kommt im besonderen bei flexiblen Montagezellen aufgrund der großen Konfigurationsvielfalt und Komplexität zum Tragen. Aus diesem Grund erweist sich die parametrisierte, jedoch fest eingeprägte Ablaufvorschrift für den universellen Einsatz letztendlich als unbrauchbar (vgl. /68/).

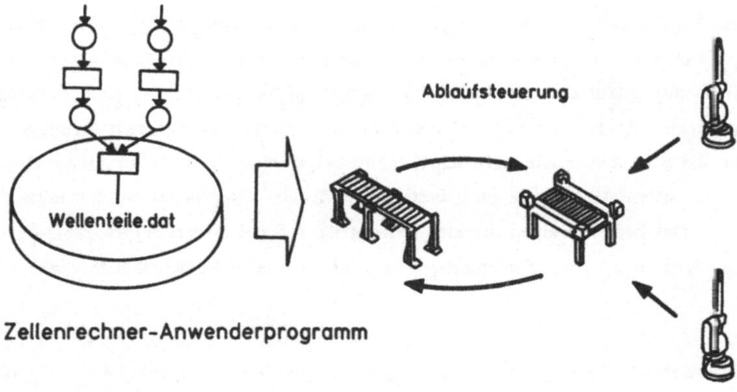

Bild 44: Zellenrechnerexterne Anwenderprogrammierung der Ablaufvorschrift

7.4.3. Öffnung der Funktionssteuerung für die Anwenderprogrammierung

Wie Kapitel 7.4.2. zeigt, läßt sich mit der fest eingeprägten Ablaufvorschrift der gestellte Universalitätsanspruch nicht erfüllen. Folglich muß die funktionsorientierte Erstellung der gesamten Ablaufvorschrift – ähnlich der Erstellung von Teileprogrammen – völlig in die Hände des Anwendungsprogrammierers gelegt werden, so daß der Ablaufsteuerungsalgorithmus im Systemprogrammkern nur noch die Abarbeitung dieses Anwenderprogramms übernimmt (Bild 44). Trotzdem stößt die Universalität bei der Umsetzung der Funktionen auf die dazugehörigen Aktionsfolgen an ihre Grenzen. Durch die Einführung der logischen Komponente kann

zwar die gerätetechnische Realisierung offengehalten werden, aber alle in einer Fertigungszelle einsetzbaren logischen Komponenten und die dazugehörigen Komponentenaktionen müssen im Zellenrechner-Systemprogrammkern bekannt sein. Damit wird trotz hohen Abstrak-
tionsgrads die Schnittstelle zwischen Funktionssteuerung und Aktionssteuerung zum Engpaß,
nachdem jede nicht vorauszusehende Zellenkonfiguration einen erneuten Eingriff in die
Quellsoftware notwendig macht. Aus diesem Grund erweist sich die funktionsorientierte Programmierung des Zellenablaufs als ungeeignet.

7.5.   Universelles Konzept für die aktionsorientierte Ablaufsteuerung

Um im Zellenrechner-Systemprogrammkern auch bezüglich der Ablaufsteuerung eine uneingeschränkte Konfigurations- und Auftragsneutralität zu erreichen, darf die Ablaufsteuerung
also lediglich eine an Komponentenaktionen orientierte Ablaufvorschrift ausführen (Aktionssteuerung). Dadurch läßt sich größtmögliche Anonymität hinsichtlich der Komponenten und
der dazugehörigen Aktionen erreichen, nachdem die Aktionssteuerung sich lediglich darauf
beschränkt, die eingespeiste Ablaufvorschrift (Bild 44) als eine strukturierte Ansammlung von
Textketten zu interpretieren, die nach bestimmten Regeln abgearbeitet werden müssen (vgl.
Kapitel 7.8.). Das bedeutet einen direkten Durchgriff von der Anwenderprogrammier-Ober-
fläche (vgl. Kapitel 9.3.) des Systemprogramms auf jede einzelne Komponentenaktion (Bild
45).

Eine funktionsorientierte Programmierung wäre zwar aus den in Kapitel 7.4.1. aufgeführten
Gründen prinzipiell vorteilhafter. Bei näherer Betrachtung zeigt sich jedoch, daß die funktionsorientierte Programmierung im speziellen Fall der Zellenablaufvorschrift meist kaum einen
Gewinn an Übersichtlichkeit gegenüber der aktionsorientierten Programmierung bedeutet. Die
Komplexität wird nämlich in der Regel von dem hohen Abstraktionsgrad der jeweiligen Komponentenaktionen aufgefangen; denn es ist sicherlich anzustreben, daß die erweiterten Komponententreiber der koordinierenden Aktionssteuerung bezüglich der aufrufbaren Aktionen
das höchste Abstraktionsniveau anbieten, das für eine einzelne Komponente erreichbar ist. Alle komponententreiber-internen Mikroaktionsabläufe (vgl. Kapitel 7.1.) bleiben dabei für die
Aktionssteuerung transparent. Deswegen werden sich im einzelnen Anwendungsfall auch wenig komponentenübergreifende Zellenfunktionen finden lassen, die permanente Gültigkeit
besitzen. Ansonsten soll es dem Anwendungsprogrammierer (vgl. Kapitel 9.3.) natürlich
freistehen, für die spezielle Applikation selbst Aktionsmakros (Unterprogrammtechnik) zu
bilden.

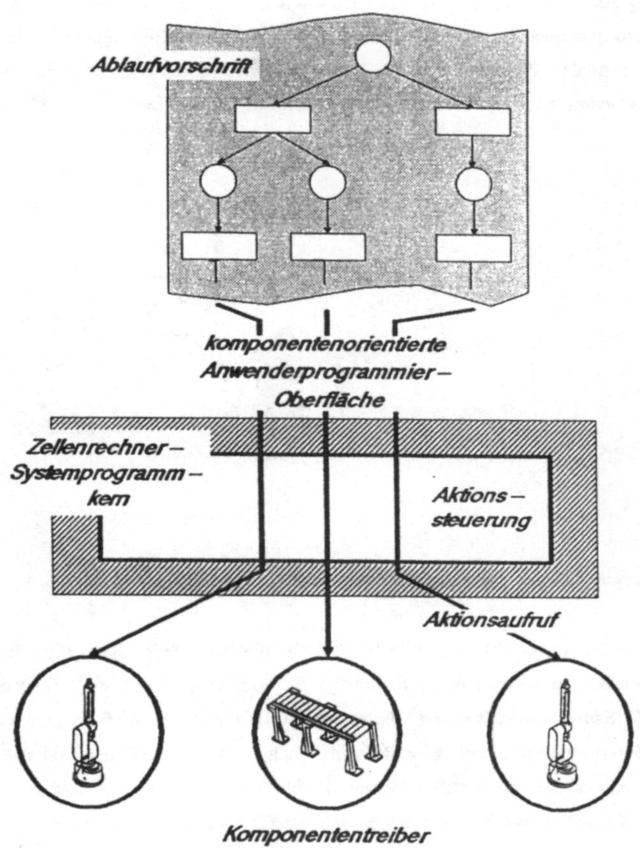

Bild 45: Zugriff auf einzelne Komponentenaktionen an der Zellenrechneroberfläche

Eine erstellte Ablaufvorschrift soll nicht nur für einen bestimmten Auftrag Gültigkeit besitzen, sondern den Ablauf für eine ganze *Auftragsfamilie* beschreiben. Der Begriff der Auftragsfamilie ist in diesem Zusammenhang losgelöst von anderen Familienbegriffen (zum Beispiel Teilefamilie) in der Fertigungstechnik und zudem viel allgemeiner zu verstehen. Es sollen nämlich unter diesem Begriff alle Aufträge zusammengefaßt werden, die sich zwar durch einige variablen Größen unterscheiden (zum Beispiel Losgröße, Toleranzen, Teileprogramm–Nummern etc.) können, aber bezüglich der beteiligten Komponentenaktionen

und deren zeitlichen und logischen Reihenfolgebeziehungen dieselbe Ablaufvorschrift
besitzen. Diese Eigenschaften können also durchaus mit einer nach anderen Kriterien ermittel-
ten Teilefamilie zusammenfallen. Eine programmtechnische Realisierung läßt sich durch die
Verwendung von formalen Parametern in der Ablaufvorschrift erreichen, die dann durch die
Begleitdaten eines jeden zu dieser Auftragsfamilie gehörigen Auftrags aktualisiert werden
(Bild 46).

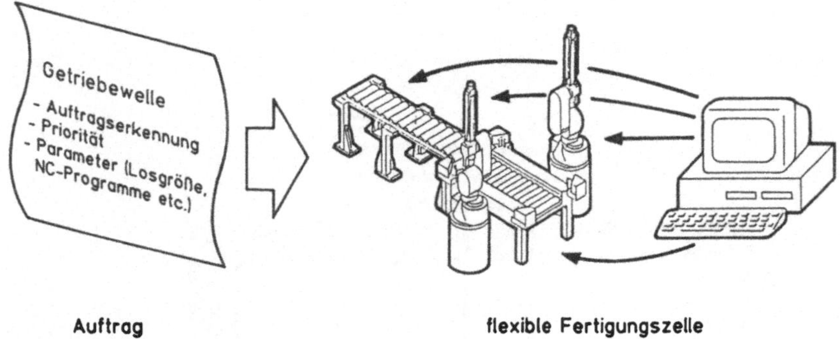

Bild 46: Einlastung beliebiger Zellenaufträge innerhalb einer Auftragsfamilie

Soll die Aktionssteuerung jede beliebige Ablaufvariante zulassen, gehört dazu auch, daß jeder
programmtechnisch beschreibbare Ablauf ausführbar ist. Dies ist gewährleistet, wenn die Aktionssteuerung alle Steuerkonstrukte bzw. Kontrollstrukturen /69/ verarbeiten kann, die für
die strukturierte Programmierung der Ablaufvorschrift zur Verfügung stehen; denn jedes Programm läßt sich mit diesen Kontrollstrukturen in seiner dynamischen Gestalt beschrieben
/69,70/. Bei den Kontrollstrukturen handelt es sich zunächst nur um die *Sequenz, Selektion*
und *Repetition* /69/. Da aber die Ablaufsteuerung im Zellenrechner im besonderen auch rech-
nerexterne Nebenläufigkeiten koordinieren soll, wird eine zusätzliche Kontrollstruktur
benötigt, nämlich die *Parallelität*. Wie sich zeigen läßt /71/, bildet auch dieses Element eine
Kontrollstruktur des strukturierten Programmierens. Daß beim Programmentwurf der Ablaufvorschrift nur Steuerkonstrukte des strukturierten Programmierens zugelassen sind, hat den
Vorteil einer begrenzten Anzahl von elementaren Programmbausteinen und führt von selbst
zur Top-down-Programmentwicklung (*schrittweise Verfeinerung*) /72/.

7.6. Zustandsorientierte Aktionssteuerung

Was den Algorithmus der Aktionssteuerung anbelangt, so soll unter einem Schritt (vgl. DIN
19237 /64/) lediglich das Anstoßen einer Komponentenaktion verstanden werden; denn die
Aktionsausführung selbst ist davon entkoppelt, indem sie entweder in untergeordneten Ebenen
der Ablaufsteuerung oder meist sogar gänzlich in der Steuerungsebene geschieht. Als Weiterschaltbedingung für eine Aktion dient ein Abbild des technischen Prozesses, das erreicht sein
muß, damit die Aktion gestartet werden kann (*prozeßabhängige Ablaufsteuerung* im Gegensatz
zur *zeitgeführten* /48/). Für die Darstellung des Prozeßabbilds eignen sich am besten diskrete
Zustände /73/. Wird das Weiterschalten zwischen den einzelnen diskreten Aktionen ausschließlich von diskreten Prozeßzuständen abhängig gemacht, so spricht man von einer *zustandsorientierten diskreten Steuerung* /73,74/.

Weiterschaltbedingung:

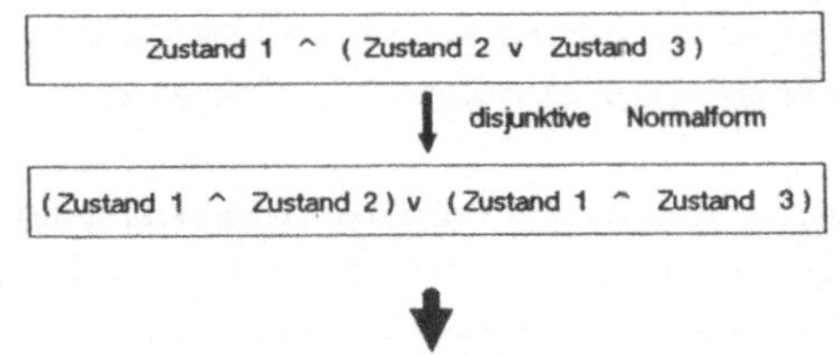

Datenstruktur:

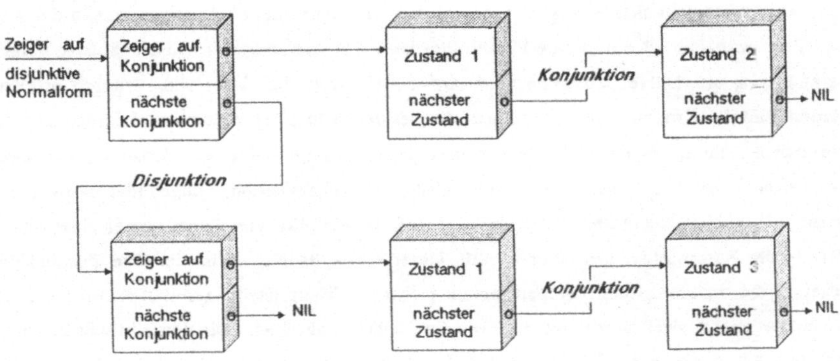

Bild 47: Programminterne Darstellung der zustandsorientierten Weiterschaltbedingung

Eine Weiterschaltbedingung ist immer zweiwertig /48/. Sie kann erfüllt sein oder nicht erfüllt sein. Deshalb läßt sich jede Weiterschaltbedingung mit Hilfe eines boole'schen Ausdrucks aus zweiwertigen Zuständen darstellen. Da sich jeder boole'scher Ausdruck in eine disjunktive Normalform bringen läßt /75/, soll diese Darstellung einheitlich für die Weiterschaltbedingung gewählt werden. Nachdem die Zahl der UND- und ODER-Operatoren dabei unbekannt ist, wird der boole'sche Ausdruck zweckmäßigerweise auf eine zweistufige dynamische Liste abgebildet (Bild 47).

Jeder Zustand kann entweder gesetzt sein (zum Beispiel: Schalter belegt) oder nicht gesetzt sein (zum Beispiel: Schalter nicht belegt). Ein gesetzter Zustand wird durch eine namentlich unterscheidbare Zeichenkette mit Standardformat repräsentiert. Auf diese Weise läßt sich die Transparenz jedes beliebigen Zustands gegenüber seiner Verarbeitung in der Aktionssteuerung (lediglich Vergleichsoperationen) sicherstellen. Die Bereitstellung der aktuellen gesetzten Zustände erfolgt in der *Ereignispufferungsebene* (vgl. Kapitel 7.9.), wo die Zustände von den Komponententreibern asynchron gesetzt bzw. zurückgesetzt werden. Gegebenenfalls wird dabei in der Aktionssteuerung eine Reaktion auf dieses externe Ereignis ausgelöst (vgl. Kapitel 7.7.). In diesem Zusammenhang spricht man auch von einer *ereignisorientierten Steuerung* /76,77/, um damit die Fähigkeit zum interruptgesteuerten Betrieb zu unterstreichen /45/.

Alle in dem boole'schen Ausdruck der Weiterschaltbedingung verknüpften Zustände sollen nur darauf geprüft werden, ob sie gesetzt sind. Das heißt: sie müssen in der Zustandsliste der Ereignispufferungsebene enthalten sein. Auf diese Weise erhöht sich in der Ablaufvorschrift die Übersichtlichkeit – Zustandsnamen brauchen nicht negiert werden: zum Beispiel 'Schalter_offen' statt NICHT ('Schalter_geschlossen') –, die algorithmische Behandlung in der Aktionssteuerung vereinfacht sich – lediglich Abfrage, ob der entsprechende Zustandsname in der Zustandsliste enthalten ist – und eine Plausibilitätskontrolle wird möglich – die exklusive Oder-Verknüpfung alternativer Zustände muß immer wahr sein. Das kann alles dadurch erreicht werden, daß die Zweiwertigkeit der Zustände, bei denen in einer Weiterschaltbedingung auch interessieren kann, ob sie nicht gesetzt sind (beispielsweise bei einem Schalter), auf zwei zweiwertige Zustände, also zwei unterschiedliche Zeichenketten, abgebildet wird (zum Beispiel: 'Schalter_geschlossen' und 'Schalter_offen', Bild 48), von denen immer einer alternativ in der Zustandsliste gesetzt sein muß. Unter dieser Bedingung ist der eine Zustand die Negation des anderen. Auch ein Schalter mit mehreren Schalterstellungen läßt sich problemlos auf entsprechend viele alternative zweiwertige Zustände abbilden. Die Plausibilitätsüberprüfung und Alarmierung der Diagnosetask im Fehlerfall erfolgen automatisch im entsprechenden Komponententreiber beim Setzen bzw. Rücksetzen alternativer Zustände in der Ereignispufferungsebene. Dies soll dem Anwendungsprogrammierer verborgen bleiben, so daß

er in der Ablaufvorschrift auch keinen Fehlerzweig einzubauen braucht (vgl. Bild 48). Beste-
hen die Weiterschaltbedingungen bei einer Fallunterscheidung in der Ablaufvorschrift aus
komplexeren boole'schen Ausdrücken, so kann der Anwendungsprogrammierer die für ihn
uninteressanten Zustandskombinationen ebenfalls außer acht lassen, da die Aktionssteuerung
nur weiterschaltet, wenn eine der aufgeführten Weiterschaltbedingungen erfüllt ist (vgl. Kapitel 7.8.7.).

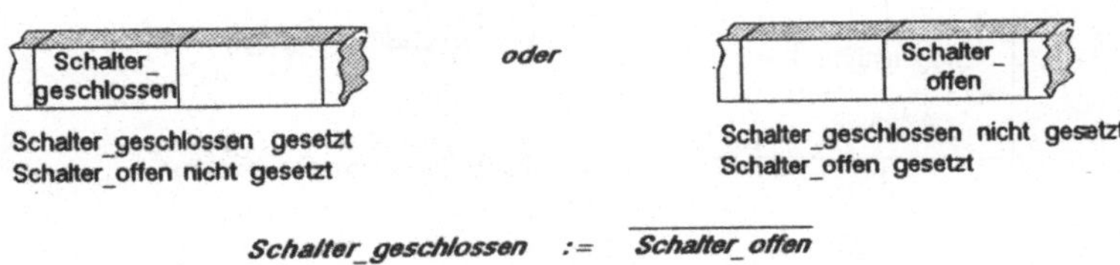

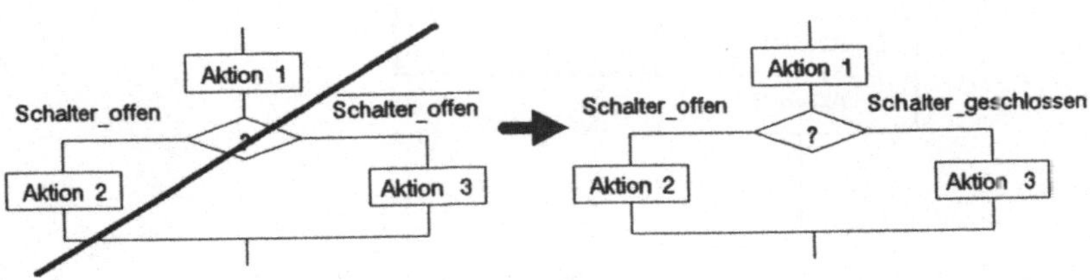

Bild 48: Zwei alternative zweiwertige Zustände für zwei Schalterstellungen

Die programminterne Darstellung macht zwar eine elegante Verarbeitung der Weiterschaltbedingungen möglich, indem deren Zustandsmuster ohne Unterscheidung nach der Art der einzelnen Zustände daraufhin geprüft wird, ob es unter allen gesetzten Zuständen enthalten ist,
bringt jedoch Probleme mit sich; denn die Prozeßzustände müssen nach folgenden zwei Arten
unterschieden werden:

– als *Endezustände* zu interpretierende Fertigmeldungen gestarteter Aktionen und

– nicht unbedingt mit einer Aktion in Verbindung stehende *Systemzustände*.

Für das Weiterschalten von einem Arbeitsschritt zum darauffolgenden ist in erster Linie das Ende dieses Arbeitsschrittes von Bedeutung. Daß der betreffende Endezustand (zweiwertiger Zustand ohne Alternativen) erreicht wurde, kann eine von der Aktionssteuerung lediglich aufgerufene, aber dann extern ablaufende Aktion nur dadurch mitteilen, daß sie ihn explizit setzt. Allein mit dem Mechanismus der Endezustände kann schon eine Ablaufvorschrift mit allen darin aufgestellten Reihenfolgebeziehungen abgearbeitet werden.

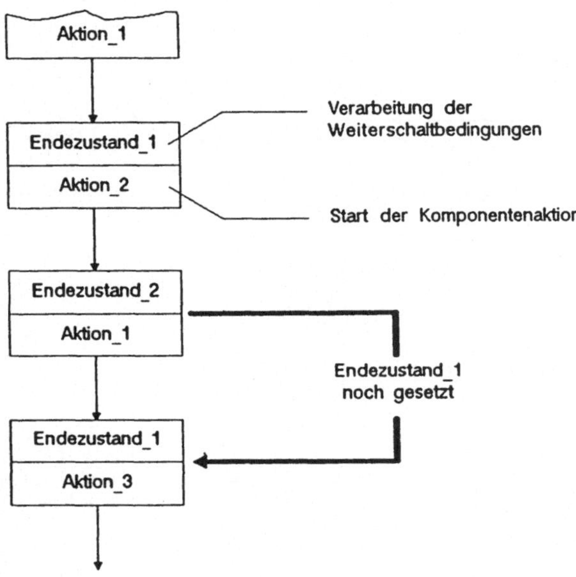

Bild 49: Verhalten der zustandsorientierten Steuerung beim Mehrfachaufruf einer Aktion

Für die Ausführbarkeit einer Aktion ist jedoch nicht nur das Ende der vorausgegangenen Aktion Bedingung, sondern oft auch ein bestimmter Systemzustand. Es handelt sich dabei zum Beispiel um die Anwesenheit bzw. Nichtanwesenheit von benötigten Betriebsmitteln, um ein Meßergebnis, das gut bzw. schlecht ist, oder darum, ob die Iststückzahl die Losgröße erreicht bzw. nicht erreicht hat. Systemzustände sind also alternative zweiwertige Zustände, die nicht unbedingt mit dem Ende einer Komponentenaktion zusammenfallen müssen.

Die Aktionssteuerung darf nach einem rechnerextern eingetretenen Ereignis auf jeden Zustand nur lesend zugreifen, da die Systemzustände ausschließlich von den Komponententreibern aufgrund von Änderungen im technischen Prozeß gesetzt bzw. rückgesetzt werden. Werden die

Endezustände in ihrer Behandlung von den Systemzuständen nicht unterschieden, so bleiben sie ebenso stehen. Ein permanent gesetzter Endezustand führt aber schon beim ersten Mehrfachaufruf der dazugehörigen Aktion zu der fatalen Folge, daß die Weiterschaltbedingung zur Nachfolgeaktion wirkungslos wird und diese Aktion sofort gestartet werden kann (Bild 49). Dies zwingt schließlich zur Unterscheidung von Ende- und Systemzuständen, indem Endezustände nach ihrer Abfrage generell sofort zurücksetzt werden müssen, während Systemzustände weiterhin nur gelesen werden dürfen.

Des weiteren führt die Zuordnung eines namentlich unterscheidbaren Endezustands für jede Komponentenaktion zu einem derartig immensen Namensregister, daß die Namenserstellung nicht mehr nach mnemotechnischen Grundsätzen erfolgen kann, sondern nur noch nach den Gesetzen der Kombinatorik, wodurch bei der Programmierung der Ablaufvorschrift ein erhöhtes Fehlerrisiko entsteht.

7.7. Koordination rechnerexterner Parallelitäten in der Aktionssteuerung

Erweitert man die Systemgrenzen eines Zellenrechners um die Steuerungsebene, ergibt sich dabei in der Regel ein Mehrprozessorsystem, das echte Parallelverarbeitung erlaubt und den Zellenrechner die Funktion des Masterprozessors ausüben läßt. Da die nebenläufigen Arbeitsschritte außerhalb des Zellenrechners ausgeführt werden, braucht die betreffende Aktionssteuerung lediglich die Koordination der externen Aktionen zu übernehmen. Diese Koordinationsaufgabe läßt sich dann verhältnismäßig einfach sequentiell ausführen und folglich in einer einzigen Task (Mastertask) realisieren, wenn die Ablaufvorschrift starr in der Aktionssteuerung eingeprägt ist. Schwieriger wird es, wenn die Ablaufvorschrift außerhalb des Zellenrechners als Anwenderprogramm erzeugt wird und während der Laufzeit in das Zellenrechner-Systemprogramm geladen wird. In diesem Fall muß der Algorithmus der Aktionssteuerung in der Lage sein, beliebige parallele Strukturen so zu verarbeiten, wie sie im Anwenderprogramm beschrieben sind. Dies bedeutet bei der programmtechnischen Realisierung eine hohe Anforderung an die Synchronisationsmechanismen innerhalb der Aktionsteuerung.

Als eine mögliche Lösung bietet sich zur Koordination rechnerexterner nebenläufiger Aktionen an, die Parallelität auf ein dynamisches Multitaskingsystem abzubilden, das während der Laufzeit erzeugt wird und bezüglich seiner Schachtelungstiefe pulsiert (Bild 50). Ein solches Konzept würde beispielsweise bereits durch den Sprachumfang der Programmiersprache ADA /54/ unterstützt werden (vgl. Kapitel 6.7.). Da aber die für die Diagnose einer Störung im technischen Prozeß erforderliche Fehlersuche in einem solchen Labyrinth aus Subtasks erhe-

blich erschwert wird, soll zur Lösung dieser Synchronisationsaufgabe ein kompakter Algorithmus vorgezogen werden. Es bietet sich dafür eine *Petri-Netz-orientierte Lösung* an.

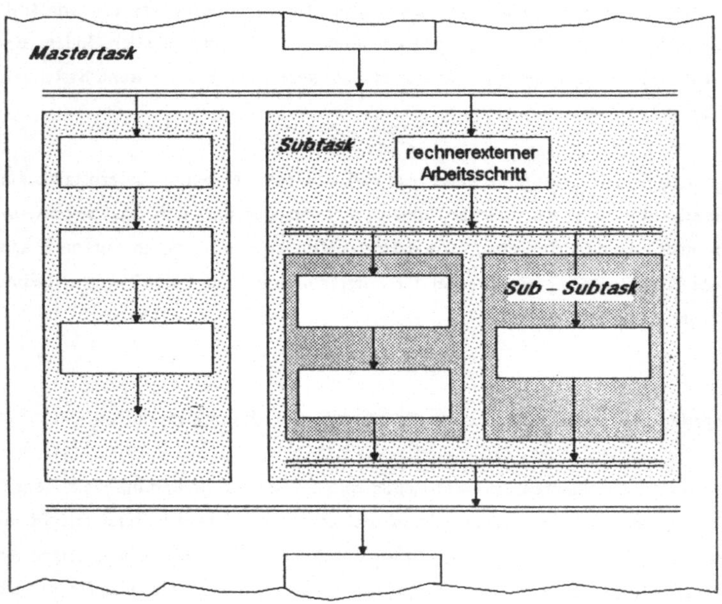

Bild 50: Abbildung rechnerexterner Parallelitäten auf ein temporäres Multitaskingsystem

7.8.   Petri-Netze-orientierte Aktionssteuerung

7.8.1. Überlegenheit der Petri-Netze für den Steuerungsentwurf

Nach Herrscher /59/ heben sich für den Steuerungsentwurf Zustandsgraph und Petri-Netz
deutlich von allen anderen Beschreibungsformen ab bezüglich der Übersichtlichkeit,
Systematik, Problemorientiertheit, Umsetzbarkeit in Software und Darstellbarkeit von
Abläufen. Dennoch waren bis vor kurzem weder Zustandsgraph noch Petri-Netz in der Fertigungstechnik eingeführt /59/. Da Petri-Netze /78/ dem Zustandsgraphen überlegen sind,
wenn es um die Darstellung komplexer Zusammenhänge geht – insbesondere lassen sich parallele Prozesse mit den Elementen des Zustandgraphen nicht darstellen /59/ –, werden heute

Petri-Netze hauptsächlich zur Simulation von Abläufen in flexiblen Fertigungssystemen eingesetzt /77,79/, weniger jedoch zur Ablaufsteuerung selbst, außer sie arbeitet rein ereignis-
orientiert ausschließlich auf der Basis von Aktions-Fertigmeldungen (vgl. Kapitel 7.8.3)
/74,80/.

7.8.2. Theoretische Grundlagen der Petri-Netze

Statische Struktur

Das Petri-Netz ist ein gerichteter Graph, der durch gerichtete Kanten (Pfeile) und zwei Klassen von Knoten (*'Platz'* und *'Transition'*) dargestellt wird. In der graphischen Darstellung sind
als Symbole Kreise für Plätze und Rechtecke bzw. Querstriche für Transitionen eingeführt.
Petri-Netze sind bipartitive Graphen. Die Kanten des Graphen laufen entweder von Plätzen zu
Transitionen oder umgekehrt, aber niemals werden Transitionen oder Plätze miteinander verbunden. Mehrfachkanten oder isolierte Kanten sind ausgeschlossen /81/.

Dynamische Struktur

Um dynamische Abläufe kenntlich zu machen, bedient sich die Petri-Netz-Darstellung eines
ebenso einfachen wie anschaulichen Instruments: Jeder Platz, der den aktuellen Zustand des
Netzes repräsentiert, wird mit einer Marke belegt. Petri-Netze, die im folgenden betrachtet
werden sollen, sind Einmarkensysteme /82/. Das heißt: pro Platz ist maximal eine Marke
zulässig. Sind alle Eingangsplätze ausnahmslos mit jeweils einer Marke belegt, so ist eine Transition *aktiviert*, sofern ihre Ausgangsplätze ausnahmslos markenfrei sind. Unter der Voraussetzung der Aktivierung kann eine Transition *schalten*. Dabei werden die Marken von ihren Ein-
gangsplätzen entfernt und ihre Ausgangsplätze mit je einer Marke belegt /81/.

Die Möglichkeit des Schaltens ist ausschließlich von der Markierungssituation in der unmittel-
baren Umgebung einer jeden Transition abhängig. Verschiedene Transitionen in einem Petri-
Netz können also durchaus gleichzeitig schalten. Es lassen sich damit Nebenläufigkeiten
realisieren. Das bedeutet für die einzelne Startmarke auf dem Anfangsplatz des Petri-Netzes
eine dynamische Vervielfachung bei jeder parallelen Aufspaltung während des Netzablaufs
und dementsprechend eine Reduzierung bei jeder parallelen Sammlung, so daß am Ende eines
strukturierten Netzes nur wieder die Startmarke vorhanden ist.

Die Schaltvorgänge selbst sind idealisiert und werden damit als zeitlos angenommen. Dieses zeitlose Schalten bedeutet aber nicht, daß ein Netz ohne Zeitverbrauch bearbeitet wird. Vielmehr will die den Petri-Netzen zugrundeliegende Theorie eine universelle Zeitskala ausschließen und nur die kausalen Strukturen eines Systems betrachten. Petri-Netze mit Zeitverbrauch arbeiten demnach mit lokalen Uhren, die asynchron und ungenau gehen, so daß aus ihnen keine kausalen Abhängigkeiten abgeleitet werden können und somit die Petri-Netz-Theorie nicht verletzt wird /83/.

Aufgrund dieser Eigenschaften ist zu erwarten, daß sich alle in den Kapiteln 7.6. und 7.7. aufgezeigten Anforderungen an die Verarbeitung der Ablaufvorschrift wie sofortiges Rücksetzen eines Endezustand (hier: Marke) nach seiner Abfrage, Verarbeitung von beliebig strukturierten, programmextern aufgestellten Parallelitäten oder Vermeidung einer namentlichen Unterscheidung aller Endezustände lösen. Letzteres wird dadurch möglich, daß die durch das Aktionsnetz pulsierende Startmarke einschließlich ihrer dynamischen Ableger genauso namenlos ist wie die Plätze selbst.

7.8.3. Anwendbarkeit der Petri-Netze auf die Aktionssteuerung

Die Plätze und Transitionen der Petri-Netze lassen sich in vielfältiger Weise interpretieren. In der Basisinterpretation werden die Plätze als Bedingungen und die Transitionen als Ereignisse aufgefaßt /48/. Ein *Bedingungs-/Ereignis-Netz* läßt eine Aufnahmekapazität von nur einer Marke pro Platz und nur eine fließende Marke pro Kante beim Schaltvorgang zu /77/. Unter einem Ereignis soll dabei eine Änderung einer Datenbank im Erfülltsein von Bedingungen verstanden werden /48/. Wird der Zellenablauf in einem Bedingungs-/Ereignis-Netz dargestellt, so ergeben sich zweierlei Ereignisse. Zum einen löst die Ablaufsteuerung beim Start einer Komponentenaktion ein Ereignis im technischen Prozeß aus, zum anderen wartet die Ablaufsteuerung auf das Eintreffen eines Ereignisses in Form einer Aktions-Fertigmeldung (Bild 51). Aus der Sicht einer prozeßgeführten Ablaufsteuerung sind jedoch nur aus dem technischen Prozeß eintreffende Ereignisse interessant. Deshalb läßt sich das Netz dadurch vereinfachen, daß die Bedingung zum Aktionstart, der Aktionsstart selbst sowie die Aktionsausführung zu einem Platz zusammengefaßt werden (Bild 51, vgl. auch /74/).

Die Operationen in der Aktionssteuerung lassen sich auf die Verarbeitung von Weiterschaltbedingungen mit anschließendem Aktionsstart beschränken, während die Aktionsausführung und die Verarbeitung der Aktions-Fertigmeldung davon entkoppelt geschieht. Die Aktionsausführung findet in der Regel in der Steuerungsebene statt, die Verarbeitung einer Aktions-

Fertigmeldung in der Ereignispufferungsebene (Bild 52). Aufgrund der Pufferung entsteht eine zeitliche Entkopplung zwischen Aktionssteuerung und den eintreffenden Ereignissen. Auf diese Weise können die Lese- und Schreibvorgänge des Puffers asynchron voneinander ablaufen. Aufgabe der Aktionssteuerung bleibt es, die ursprüngliche Startmarke einschließlich ihrer dynamischen Ableger so durch das Aktions-Netz abhängig von den Weiterschaltbedingungen zu treiben, wie es die in der Ablaufvorschrift aufgestellten Reihenfolgebeziehungen zwischen den einzelnen Komponentenaktionen verlangen. Deshalb eignet sich für die algorithmusgerechte Darstellung der Aktionssteuerung die vorgangsorientierte Netzinterpretation /76/ besser als die ereignisorientierte. Unter einem Vorgang soll dabei der Start, die Ausführung und das Ende einer Aktion verstanden werden /84/. Er läßt sich als zeitverbrauchender Übergang (Transition) zwischen mindestens einem Eingangsplatz (*netzinterne Schaltbedingung* für die Transition) und mindestens einem Ausgangsplatz interpretieren (Bild 51).

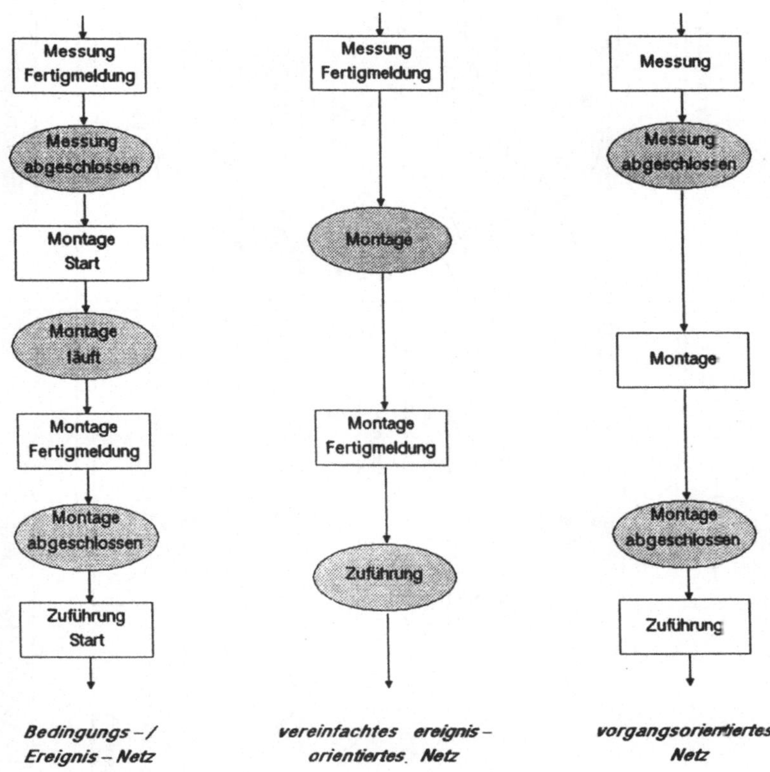

Bild 51: Anwendung der Petri-Netze auf die Aktionssteuerung

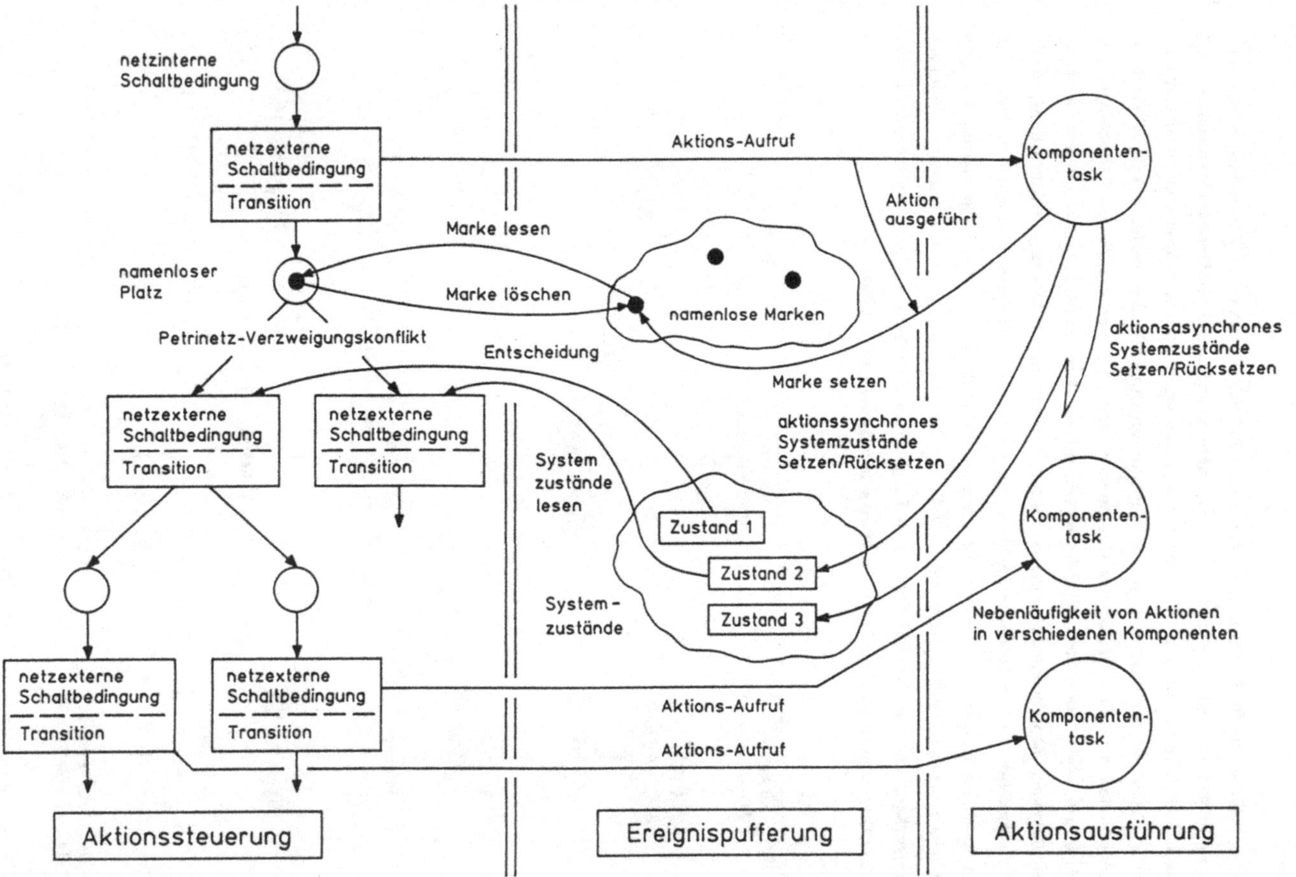

Bild 52: *Verarbeitung der netzinternen und netzexternen Schaltbedingungen*

Die bisher beschriebene dynamische Struktur der Aktionssteuerung berücksichtigt nur die netz-interne Schaltbedingung einer Aktion (Bild 52). Erfüllt wird diese Schaltbedingung durch die Markierung der Eingangsplätze und führt damit zur Aktivierung der Transition. Das endgültige Schalten einer Transition kann aber noch von bestimmten Systemzuständen im technischen Prozeß abhängig gemacht werden (*netzexterne Schaltbedingung*). Die netzexterne Schaltbedingung kann jedoch nicht nur aufgrund von Ereignissen, also Änderungen der Systemzustände, erfüllt werden, sondern auch von einem unveränderten Systemabbild, wenn dieses beispielsweise zur Verifikation bereits gesetzter Zustände dient. Deswegen dürfen Systemzustände innerhalb des Algorithmus der Aktionssteuerung nie zurückgesetzt werden. Von den Komponententreibern werden sie dagegen in der Ereignispufferungsebene nicht nur *aktionssynchron* (zum Beispiel 'Aktion produziert Ausschuß') und *aktionsasynchron* (zum Beispiel 'Schalter am Laststand belegt') gesetzt, sondern auch zurückgesetzt (Bild 52), um der Aktionssteuerung stets ein aktuelles Systemabbild zu liefern. Aus diesen Gründen ist die Interpretation eines Systemzustands als externe Marke ungeeignet, und die Verarbeitung der netzexternen Schaltbedingung soll zustandsorientiert bleiben (vgl. Kapitel 7.6.). Da die zustandorientierte Verarbeitung der netzexternen Schaltbedingung rein aktionsbezogen wirkt, läßt sie sich problemlos in die aktionsübergreifende Petri-Netz-orientierte Verarbeitung der netzinternen Schaltbedingung integrieren (vgl. Kapitel 7.8.7).

7.8.4. Programmentwurf der Ablaufvorschrift

Da die *Flußdiagramm*-Darstellung (*Programmablaufplan* nach DIN 66001 /85/) wegen ihrer Anschaulichkeit am weitesten verbreitet ist und wohl auch unter den Anwendungsprogrammierern der Ablaufvorschrift (vgl. Kapitel 9.3.) die größte Akzeptanz erfahren wird, soll für den Programmentwurf diese Darstellungsform gewählt werden, obwohl sie zum unstrukturierten Programmieren verleitet. Dies kann allerdings dadurch vermieden werden, daß ein Programmablaufplan (Bild 53) nur aus den vier Kontrollstrukturen *Sequenz, Selektion, Repetition* und *Parallelität* aufgebaut werden darf /71/. Wie aus Bild 53 zu ersehen ist, interessieren beim Programmentwurf in erster Linie die Reihenfolgebeziehungen unter den einzelnen Komponentenaktionen. Dabei soll der Übersichtlichkeit halber jeder Komponentenaktion ein Operationselement nach DIN 66001 /85/ zugeordnet werden, das gedanklich alle aktionsbezogenen Daten einschließlich der netzexternen Schaltbedingung aufnehmen kann. Die netzinterne Schaltbedingung ergibt sich dagegen automatisch bei der Umsetzung in die Petri-Netz-Darstellung aus den Reihenfolgebeziehungen.

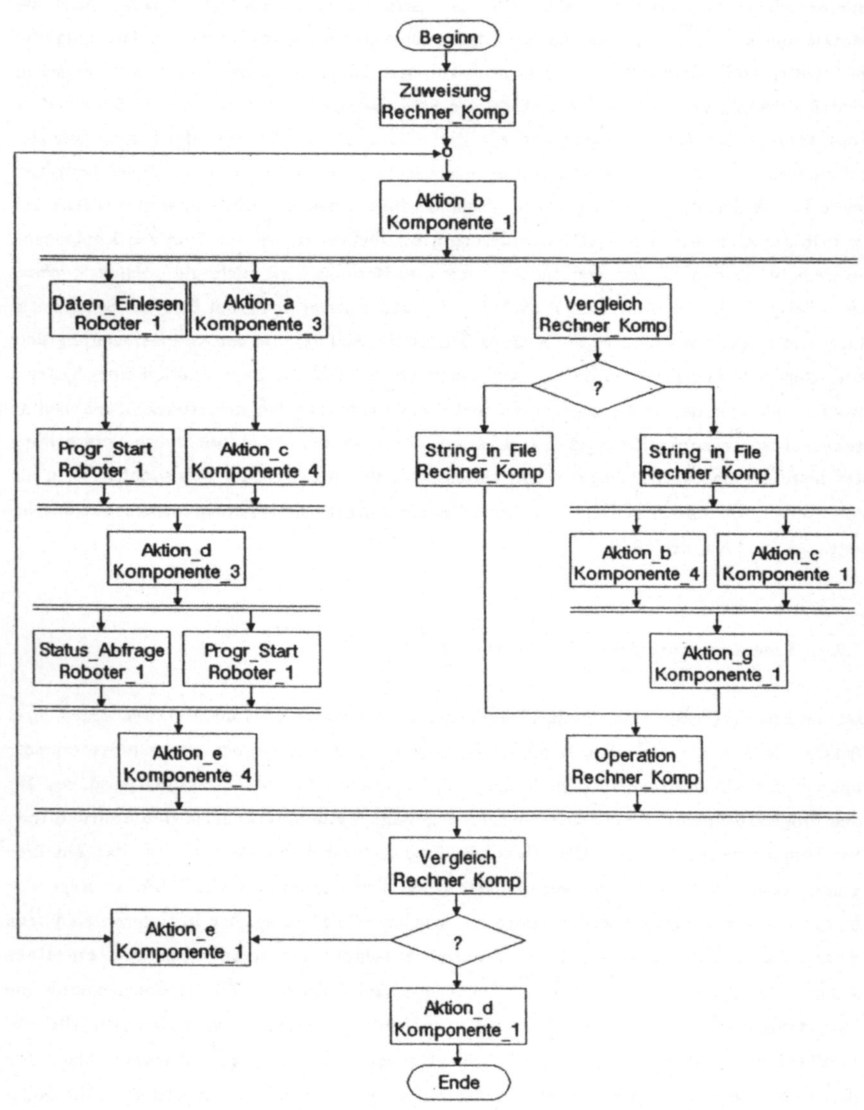

Bild 53: Ablaufvorschrift in Flußdiagramm-Darstellung

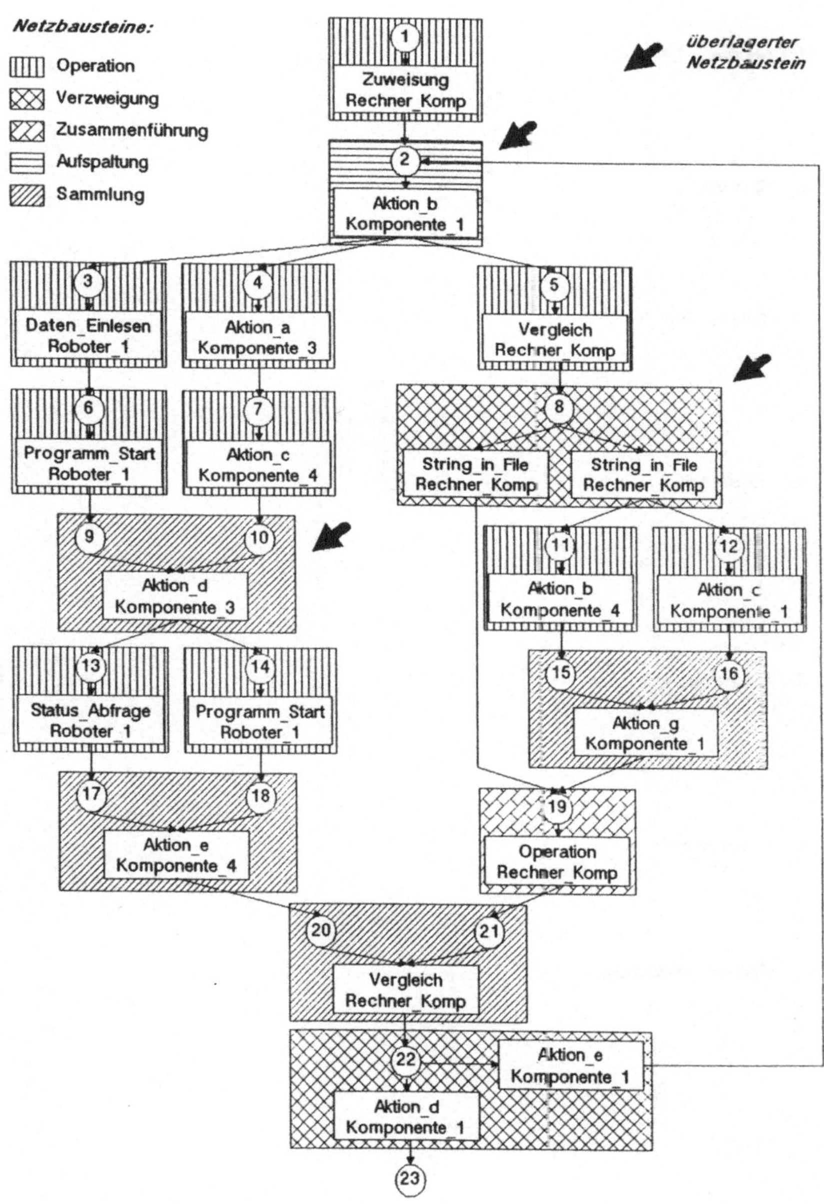

Bild 54: Ablaufvorschrift in Petri–Netz–Darstellung

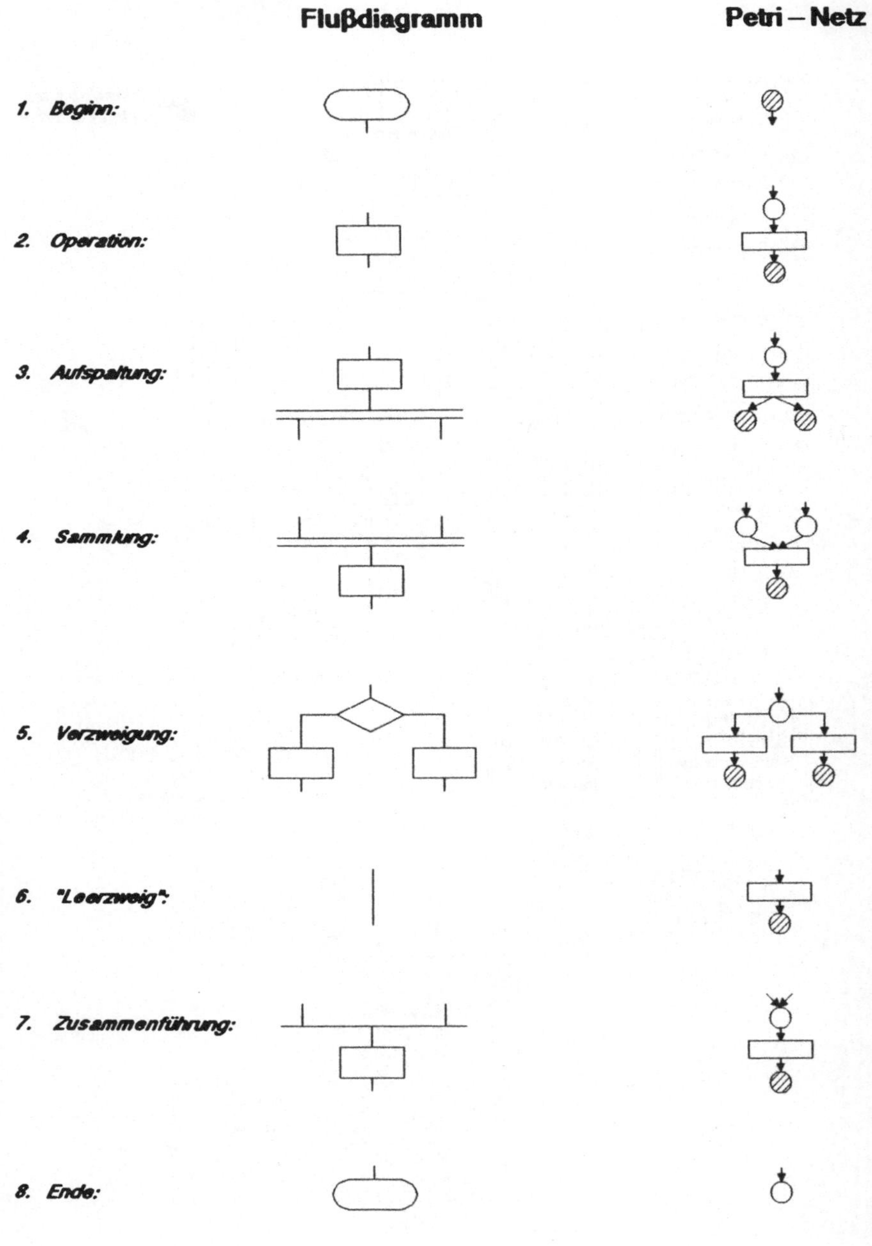

Bild 55: Äquivalenzen zwischen Flußdiagramm- und Petri-Netz-Darstellung

Die Abbildung eines Programmablaufplans in ein äquivalentes Petri–Netz ist nach /50/ generell möglich. Nachdem die Entwurfsmethode unabhängig von der Darstellungsform ist, gilt: Ist das zugrundeliegende Flußdiagramm nach den Regeln des strukturierten Programmierens aufgebaut, so trifft das selbstverständlich auch für die Petri–Netz–Darstellung zu. Die der Flußdiagramm–Darstellung (Bild 53) entsprechende Petri–Netz–Darstellung (Bild 54) läßt wiederum die vier Kontrollstrukturen erkennen und setzt sich folglich aus den fünf *Netzbausteinen Operation, Verzweigung, Zusammenführung, Aufspaltung* und *Sammlung* (vgl. DIN 66001 /85/) zusammen. Dabei können sich auch folgende Überlagerungen ergeben:

- Aufspaltung nach Zusammenführung,

- Aufspaltung nach Sammlung,

- Aufspaltung nach Verzweigung,

- Verzweigung nach Aufspaltung und

- Sammlung nach Zusammenführung.

Zur elementaren Umsetzung stehen die in Bild 55 aufgestellten Äquivalenzen zur Verfügung. Eine Besonderheit bildet dabei ein 'Leerzweig' im Flußdiagramm – zum Beispiel der leere Rückführzweig in einer Schleife (Bild 56) –, in den eine nichts bewirkende Leeraktion eingefügt werden muß, um zu verhindern, daß zwei gleichartige Knoten miteinander verbunden werden.

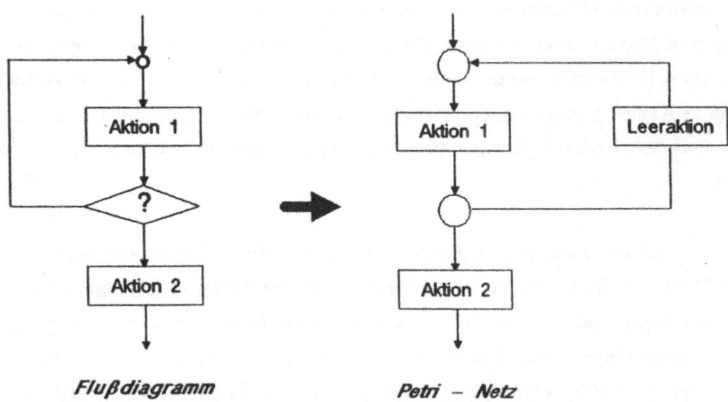

Bild 56: Sonderbehandlung eines Leerzweigs in der Flußdiagramm–Darstellung

7.8.5. Textuelle Darstellung der Petri-Netz-orientierten Ablaufvorschrift

Unabhängig von der Erstellungsart und dem Erstellungsort der Ablaufvorschrift sowie der Be-
dienerunterstützung (Graphikeditor etc.) im Fall der maschinellen Anwenderprogrammierung
(vgl. Kapitel 9.3.) soll eine definierte Standardschnittstelle an der Zellenrechner-Oberfläche
geschaffen werden, die allen Anforderungen gerecht wird (vgl. Teileprogramm nach DIN
66025 /86/). Wenn der Weg über ein Textfile áuch umständlich wirken mag, so handelt es sich
dabei auf alle Fälle um eine einfache und zugleich universelle Schnittstelle zwischen beliebigen
Rechnersystemen. Außerdem läßt sich ein solches Textfile mittels eines gewöhnlichen Textedi-
tors erstellen und auf einem ebenso gewöhnlichen Drucker ausgeben. Aus diesen Gründen soll
hier ungeachtet zukünftiger Konzepte eine textuelle Darstellung für die Petri-Netz-orientierte
Ablaufvorschrift vorgeschlagen werden, für die relativ einfache Syntaxregeln /87/ gelten sollen (Bild 57).

Dabei gliedert sich die textsequentielle Ablaufbeschreibung in einzelne *Sätze*, die sich jeweils
einem Petri-Netz-Baustein zuordnen lassen. Da sich in dieser Darstellung keine Bezüge
(Pfeile) zwischen den einzelnen Sätzen abbilden lassen, bekommen die Plätze frei wählbare
Namen, die nur innerhalb des Textfile Gültigkeit haben. Für jede Aktion können dabei alle
für ihren Aufruf relevanten Daten wie netzexterne Schaltbedingung, Aktionsbezeichnung,
Aktionsparameter, Laufzeit und Komponentenzugehörigkeit angegeben werden. Bild 58 zeigt
die textuelle Darstellung des in Bild 54 abgebildeten Petri-Netzes, in dem zum Vergleich die
Plätze ebenfalls durchnumeriert sind. Alle für eine Komponente möglichen Aktionen, die dazugehörigen Eingabeparameter sowie alle möglichen abfragbaren Systemzustände können entsprechenden Listen entnommen werden (vgl. Kapitel 8). Die Bilder 53,54,58 orientieren sich
an dem in Kapitel 8 aufgezeigten beispielhaften Funktionsumfang einer Komponente ´Robo-
ter_1´ und der ´Rechner_Komponente´; ansonsten werden nur abstrakte Bezeichnungen verwendet.

Im textuellen Aktionsnetz ist es möglich, an beliebigen Stellen selbstgewählte Parameter einzuführen (Bild 59), die bei der Einlastung eines konkreten Zellenauftrags durch die auftragsbegleitenden Daten (Bild 60) aktualisiert werden. Dies kann mittels einer einfachen String-
Substitution geschehen. Auf diese Weise behält eine Ablaufvorschrift für eine ganze Auftragsfamilie (vgl. Kapitel 7.4.) Gültigkeit. Die Zuordnung des richtigen Aktionsnetzes zum jeweiligen Auftrag erfolgt ebenfalls durch die auftragsbegleitenden Daten. Es handelt sich dabei allerdings lediglich um die für die Bearbeitungsphase gültige Ablaufvorschrift, die vom Anwender zusammenhängend erstellt werden kann. Die Ablaufvorschrift für die Vorbereitungsphase
muß sich der Zellenrechner dagegen abhängig von der endgültigen Auftragsreihenfolge selbst

erstellen. Dazu dienen ihm einzelne ebenfalls durch Anwender vorgegebenen Aktionsmakros (Betriebsmittel-Bewegungsdaten), die nach den gleichen Syntaxregeln, jedoch auftragsüber-greifend erstellt sind (vgl. Kapitel 6.3.3.).

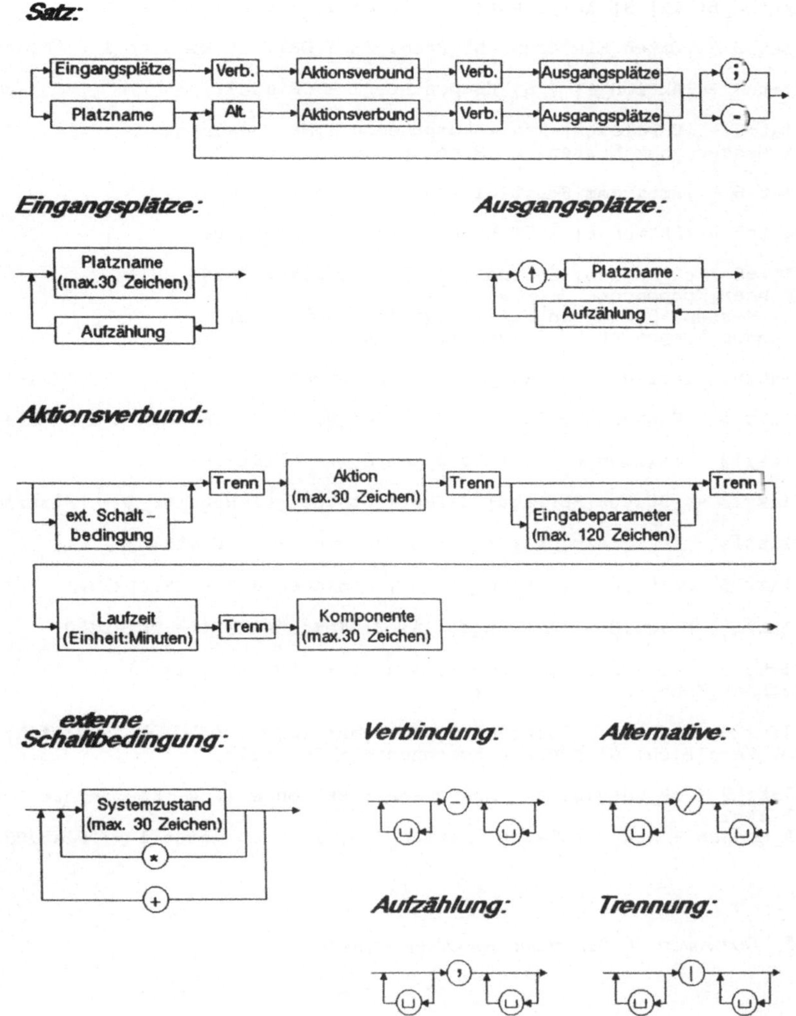

Bild 57: Syntax-Diagramm für einen Satz in der textuellen Darstellung der Ablaufvorschrift

Variablen: Index1;

Platz1 - |Zuweisung| Integer: Index1 := 0| 0| Rechner_Komponente -
^Platz2;

Platz2 - mob_Rob_da * Rob_Schalter_belegt * Pal_Schalter_belegt|
Aktion_b| 12| 3| Komponente_1 - ^Platz3, ^Platz4, ^Platz5;

Platz3 - |Daten_Einlesen| NC_Prog: TEST.DAT| 1| Roboter_1 - ^Platz6;

Platz4 - |Aktion_a| | 6| Komponente_3 - ^Platz7;

Platz5 - |Vergleich| Real: Komponente_1.Mess_ergebnis >= 3.14,
ok_Messen, nok_Messen| 0| Rechner_Komponente - ^Platz8;

Platz6 - |Programm_Start| 12| 3| Roboter_1 - ^Platz9;

Platz7 - |Aktion_c| | 5| Komponente_4 - ^Platz10;

Platz8 / ok_Messen| String_in_File| Logfile, "ok$"| 0|
Rechner_Komponente - ^Platz19 /
nok_Messen| String_in_File| Logfile, "nok$"| 0|
Rechner_Komponente - ^Platz11, ^Platz12;

Platz9, Platz10 - |Aktion_d| | 5| Komponente_3 - ^Platz13, ^Platz14;

Platz11 - Zustand4 + Zustand5| Aktion_b| | 2| Komponente_4 - ^Platz15;

Platz12 - |Aktion_c| | 4| Komponente_1 - ^Platz16;

Platz13 - |Status_Abfrage| Geraete_Status| 0| Roboter_1 - ^Platz17;

Platz14 - |Programm_Start| 44| 2| Roboter_1 - ^Platz18;

Platz15, Platz16 - |Aktion_g| | 3| Komponente_1 - ^Platz19;

Platz17, Platz18 - |Aktion_e| 14| 2| Komponente_4 - ^Platz20;

Platz19 - |Operation| Integer: Index1 := Index1 + 1| 0|
Rechner_Komponente - ^Platz21;

Platz20, Platz21 - |Vergleich| Integer: Index1 < 2, ok_Vergleich,
nok_Vergleich| 0| Rechner_Komponente - ^Platz22;

Platz22 / ok_Vergleich * nok_Messen| Aktion_e| | 4| Komponente_1 -
^Platz2 /
.ok_Messen + nok_Vergleich| Aktion_d| | 1| Komponente_1 - ^Platz23.

Bild 58: Textsequentielle Darstellung der Ablaufvorschrift

Ablaufvorschrift mit formalen Parametern:

```
Platz5 - |Vergleich| Real: Komponente_1.Mess_ergebnis >= Messwert,
ok_Messen, nok_Messen| 0| Rechner_Komponente - ^Platz8;

Platz34 - |Vergleich| Integer: Ist_stueckzahl < Losgroesse,
ok_fertig, nok_fertig| 0| Rechner_Komponente - ^Platz35;
```

Ablaufvorschrift mit aktualisierten Parametern:

```
Platz5 - |Vergleich| Real: Komponente_1.Mess_ergebnis >= 3.14,
ok_Messen, nok_Messen| 0| Rechner_Komponente - ^Platz8;

Platz34 - |Vergleich| Integer: Ist_stueckzahl < 2,
ok_fertig, nok_fertig| 0| Rechner_Komponente - ^Platz35;
```

Bild 59: Parametrisierbarkeit der textsequentiellen Ablaufvorschrift


```
Auftrag_1, normal, Aktionsnetz_1, Messwert => 3.14, Losgroesse => 3

Auftrag_2, normal, Aktionsnetz_1, Messwert => 0.9 , Losgroesse => 2

Auftrag_3, normal, Aktionsnetz_1, Messwert => 0.7 , Losgroesse => 4
```

Bild 60: Auszug aus einem Auftragspaket

7.8.6. Programminterne Darstellung der Petri-Netz-orientierten Ablaufvorschrift

Zur programminternen Darstellung der Ablaufvorschrift eignet sich am zweckmäßigsten eine verzeigerte, dynamische Datenstruktur, die den Petri-Netz-Graphen bereits algorithmusgerecht aufbereitet wiedergibt. Durch die Verzeigerung lassen sich alle Kanten des Graphen direkt nachbilden. Zur Identifikation eines Platzes reichen deshalb die darauf gerichteten Zeiger aus; eine namentliche Unterscheidung der Plätze kann folglich entfallen. Es läßt sich ein *universelles Datenkonstrukt* (Bild 61) aufstellen, in das alle fünf Netzbausteine (Bild 54) abgebildet werden können, und das alle Textinformationen eines Satzes (Bild 58) aufnehmen kann. Auf diese Weise läßt sich das gesamte Aktionsnetz in eine zusammenhängende Datenstruktur umsetzen, durch die sich der Aktionssteuerungs-Algorithmus nach der Markierung des Startplatzes entsprechend den Schaltregeln solange durchhangelt, bis der Endplatz erreicht ist.

Obwohl bei einer *Verzweigung* alle alternativen Aktionen (Transitionen) an einem Platz hängen, sollen im universellen Datenkonstrukt alle Aktionen, die zu der im dazugehörigen Satz

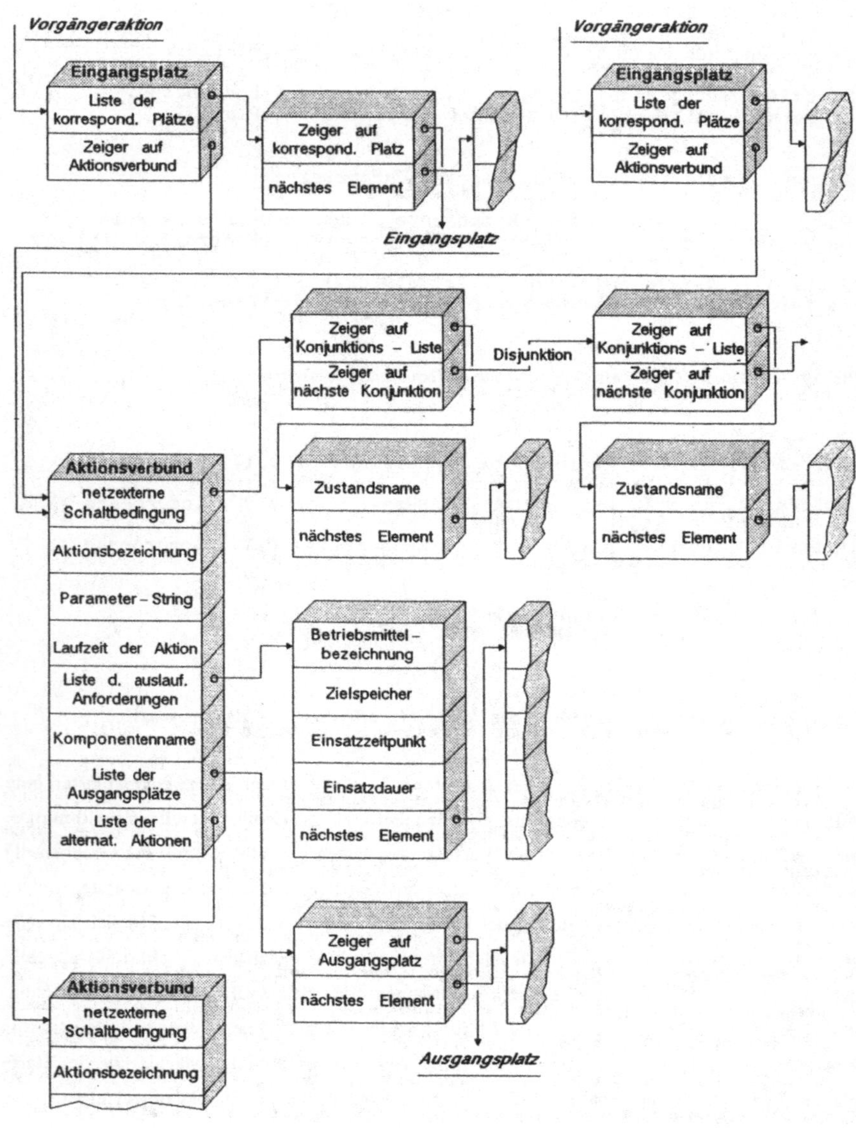

Bild 61: Universelles Datenkonstrukt für die programminterne Ablaufdarstellung

erstgenannten Aktion alternativ sind, nicht direkt am Platz, sondern an der erstgenannten Aktion hängen. Dadurch läßt sich ein Petri-Netz-Verzweigungskonflikt /81/ von vornherein vermeiden, indem die Entscheidung, welche Transition bei einer Verzweigung letztendlich schalten darf, allein aufgrund der Auswertung der netzexternen Schaltbedingung gefällt wird. Da in einer Verzweigung nur ein Zweig gleichzeitig durchlaufen werden kann, läßt sich die *Zusammenführung* auf eine gewöhnliche Operation zurückführen, obwohl auf deren Eingangsplatz mehrere Kanten zeigen.

Zur Realisierung einer *Aufspaltung* wird an den Aktionsverbund eine ganze Liste von Zeigern gehängt, von denen jeder auf einen Platz zeigt. Bei einer *Sammlung* verweisen beliebig viele Eingangsplätze auf eine einzelne Transition, die zu deren Aktivierung alle markiert sein müssen. Um zu vermeiden, daß bei der Abarbeitung des Aktionsnetzes die auf eine Sammlung folgende Transition bereits schalten kann, sobald nur ein Platz markiert ist, muß jeder Platz davon in Kenntnis gesetzt werden, ob er Bestandteil einer Sammlung ist. Dies geschieht dadurch, daß generell jedem Platz eine Liste mit Zeigern auf die eventuell dazu korrespondierende Plätze zugeordnet wird, die alle markiert sein müssen, damit die netzinterne Schaltbedingung für die nachfolgende Transition erfüllt ist.

Im Gegensatz zu den Bestandteilen eines Satzes in der textsequentiellen Darstellung enthält jeder Aktionsverbund in der programminternen Darstellung zusätzlich eine Liste für auslaufende Anforderungen, die während des Netzablaufs genau an dieser Stelle zum Materialflußzellenrechner geschickt werden sollen. Die auslaufenden Anforderungen werden programmintern unmittelbar vor dem Ablauf des Aktionsnetzes aus den darin enthaltenen Ver-/Entsorgungsanweisungen sowie Reservierungswünschen (zellenexterne Betriebsmittel betreffend) generiert (Bild 62) und möglichst in den ersten Aktionsverbund am Netzanfang mit genauer Angabe des Zielspeichers, des Einsatztermins und der Zeitdauer des Bedarfs eingetragen, um möglichst frühzeitig an den Materialflußzellenrechner gestellt zu werden. Die dynamische Struktur des Aktionsnetzes macht alternative Entscheidungen während des Netzablaufs möglich, durch die sich die exakten Angaben zum wirklichen Bedarf ändern können. In einen Aktionsverbund sollen aber nur die auslaufenden Anforderungen (vgl. Kapitel 4.4.) eingetragen werden, deren Angaben in jedem Fall zutreffen. Deshalb muß an jeder Stelle des Aktionsnetzes, von wo ab es nicht mehr exakt vorhersagbar ist, welches Betriebsmittel zu welchem Zeitpunkt besorgt bzw. abgeholt werden soll oder wie lange es benötigt wird, für jeden möglichen Fall eine spezielle Liste der sich daraus ergebenden auslaufenden Anforderungen zusammengestellt und an die entsprechenden Aktionsverbunde gehängt werden. Bei einer solchen Netzstelle handelt es sich entweder um eine Verzweigung oder um eine Sammlung von parallelen Zweigen, von denen mindestens einer eine Verzweigung besitzt (Bild 62). Einem Aktionsverbund, an der auslaufende Anforderungen gehängt werden, wird jeweils die relative Zeit Null zugeordnet, die als Ausgangbasis für alle darauf aufsetzende Zeitangaben dient. Wenn die auslaufenden Anforderungen während der Laufzeit verschickt werden, braucht dann lediglich zu allen relativen Terminangaben die aktuelle Zeit addiert werden.

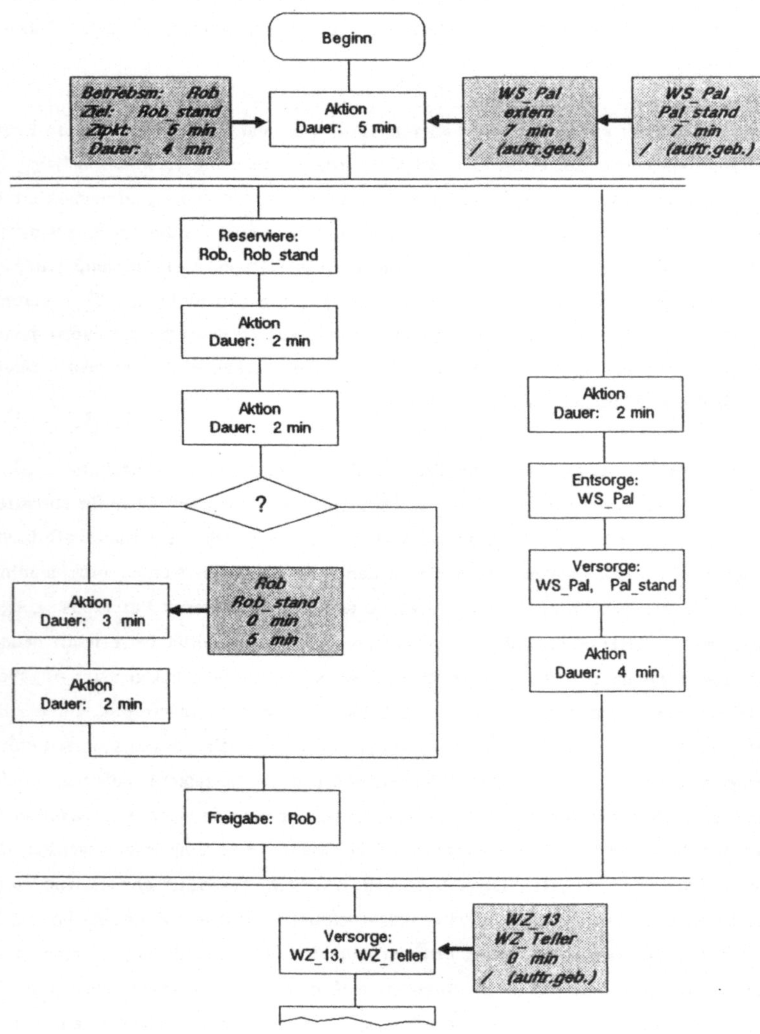

Bild 62: Generierung von auslaufenden Anforderungen

Damit der Aktionssteuerungs-Algorithmus nicht bei jedem Schritt die gesamte vernetzte Datenstruktur zu durchlaufen braucht, sondern mit möglichst wenig Suchaufwand auf die Datenkonstrukte im lokalen Umfeld der aktuellen Markierungssituation zugreifen kann, werden drei dynamische Hilfslisten eingeführt. Es handelt sich dabei um:

- eine *Liste* aller *Ausgangsplätze* (*LAP*), die in der aktuellen Netzsituation markiert werden können,

- eine *Liste* aller in einer Sammlung *korrespondierenden Plätze* (*LKP*), die bereits markiert sind, aber korrespondierende Plätze besitzen, die noch nicht markiert sind, und

- eine *Liste* aller *aktivierter Transitionen* (*LAT*), deren netzexterne Schaltbedingung noch auf Erfülltheit überprüft werden muß.

Daneben stellt die Ereignispufferungsebene noch zwei Listen zur Verfügung für die Platzmarkierung und das Setzen bzw. Rücksetzen von Systemzuständen. Die in der Zelle gesetzten Systemzustände stehen in der *Liste* aller *Systemzustände* (*LSZ*). Eine von einem Komponententreiber eintreffende Aktions-Fertigmeldung wird in der Ereignispufferungsebene unmittelbar dazu benutzt, die Ausgangsplätze der dazugehörigen Transition zu markieren. Die markierten Ausgangsplätze werden dabei in die *Liste* aller *markierten Plätze* (*LMP*) eingetragen.

Die Aktionssteuerung kann mit der Abarbeitung der Ablaufvorschrift beginnen, wenn der in die LAP eingetragene Startplatz markiert ist (Bild 63 oben). Die Markierung erfolgt dadurch, daß der Zeiger auf den Startplatz in die LMP eingetragen wird. Das Aktionsnetz ist dann abgearbeitet, wenn die Listen LAP, LKP und LAT gleichzeitig leer sind. Um Platz für die weitere Verarbeitung in anderen Tasks des Zellenrechner-Systemprogrammkerns zu machen, fällt die Aktionssteuerung während ihres Ablaufs sinnvollerweise immer dann in den Wartezustand, wenn alle für den weiteren Verlauf relevanten netzinternen und netzexternen Schaltbedingungen überprüft sind, aber erst wieder aufgrund eines weiteren Ereignisses im technischen Prozeß erfüllt werden können (prozeßgeführte Steuerung). Wird die ruhende Aktionssteuerung aufgrund einer Platzmarkierung geweckt, so wird zunächst der Petri-Netz-orientierte und anschließend der zustandsorientierte Steuerungsanteil durchlaufen. Dies geschieht so oft, bis die LMP wieder leer ist. Reagiert die ruhende Aktionssteuerung jedoch auf das Setzen bzw. Rücksetzen eines Systemzustands in LSZ, so braucht lediglich der zustandsorientierte Steuerungsanteil für alle bereits aktivierten Transitionen durchlaufen werden.

Im Petri-Netz-orientierten Steuerungsanteil (Bild 63 Mitte) wird der erste markierte LMP-Platz in der LAP gesucht. Existieren zu diesem Platz korrespondierende Plätze (Sammlung),

Trage Startplatz in LAP ein
Trage Startplatz in LMP ein (Markierung)
Solange LAP, LKP und LAT gleichzeitig nicht leer sind

LMP nicht leer?
ja — Solange LMP nicht leer ist
 Petri–Netz–orientierter Steuerungsanteil
 Zustandsorientierter Steuerungsanteil
nein — Zustandsorientierter Steuerungsanteil

Warte auf Platzmarkierung oder Systemzustandsänderung

Abarbeitung des Aktionsnetzes

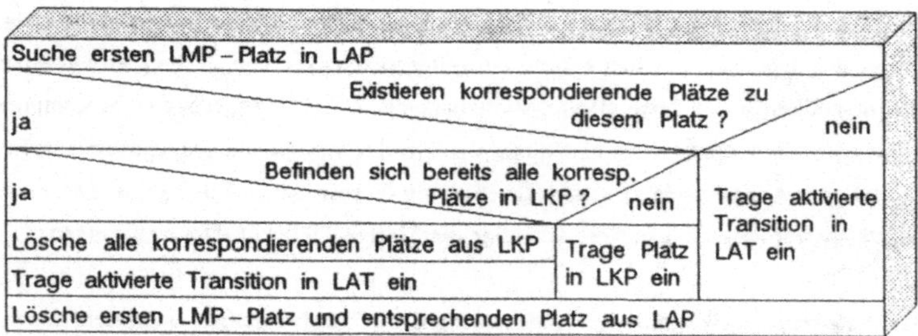

Petri–Netz–orientierter Steuerungsanteil

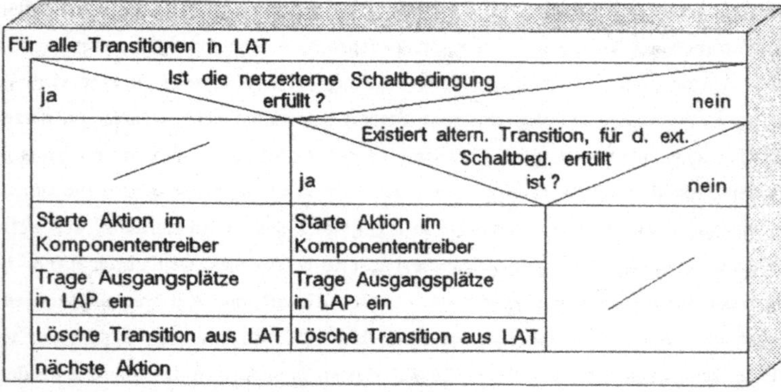

zustandsorientierter Steuerungsanteil

Bild 63: Algorithmus der Aktionssteuerung

die noch nicht alle markiert und damit in der LKP eingetragen sind, so wird der Platz selbst in die LAP eingetragen. Befinden sich bereits alle korrespondierenden Plätze in der LKP, führt dies einerseits zum Löschen dieser Plätze aus der LKP und andererseits zur Aktivierung der folgenden Transition, die daraufhin zur Überprüfung ihrer netzexternen Schaltbedingung in die LAT eingetragen wird. Handelt es sich um keine Sammlung, so wird die folgende Transition gleich in die LAT eingetragen. Am Ende dieses Steuerungsanteils wird der markierte Platz sowohl aus der LAP als auch aus der LAP gelöscht.

Im zustandsorientierten Steuerungsanteil (Bild 63 unten) wird für alle bereits aktivierten Transitionen (LAT) überprüft, ob für sie oder eine ihrer Alternativen die netzexterne Schaltbedingung erfüllt ist. Kann eine Transition schalten, so werden dem dazugehörigen Datenverbund Aktionsbezeichnung sowie aktionsspezifischer Parameter-String entnommen und an den betreffenden Komponententreiber weitergeleitet. Anschließend werden die Ausgangsplätze der Transition in die LAP eingetragen und der Zeiger auf den dazugehörigen Aktionsverbund aus der LAT gelöscht.

7.9.   Wirkungsweise der Ereignispufferungsebene

Die Aktionssteuerung beschränkt sich allein auf die Verarbeitung der netzinternen und netzexternen Schaltbedingungen, während die Aktionsausführung davon entkoppelt geschieht, ohne daß sich die Aktionssteuerung damit nochmals zu befassen braucht. Deshalb ist es sinnvoll, die Aktion als schaltende Transition zu interpretieren, die durch einen Aktionsaufruf eingeleitet wird und am Ende des Schaltvorgangs ihre Ausgangsplätze markiert (vorgangsorientiertes Netz). Die Ereignispufferungsebene sorgt für eine zeitliche Entkopplung aller eintreffenden externen Ereignisse vom Aktionssteuerungs-Algorithmus.

Für die Markierung der Ausgangsplätze ist in der Ereignispufferungsebene die *Petri-Netz-orientierte Ereignistask* zuständig, die auf jede asynchrone Aktions-Fertigmeldung eines Komponententreibers reagiert (Bild 64). Sie muß aber nicht nur den Bezug zwischen Aktions-Fertigmeldung und den zu markierenden Ausgangsplätzen herstellen, sondern auch zu der Task, von der die Aktion aufgerufen wurde; denn im Zellenrechner können mehrere Ablaufsteuerungen (genauer: Aktionssteuerungen) nebeneinander laufen. Dies ist im Produktionsbetrieb in der Vorbereitungsphase und Bearbeitungsphase möglich (vgl. Kapitel 6.1.3.), aber unter Umständen auch parallel dazu in der Diagnosetask. Die Bedienertask bedient sich dagegen ihrer Ablaufsteuerung ausschließlich im Einrichtebetrieb. Dabei besitzt jede Aktionssteuerung ihre eigene Liste aller markierten Plätze (LMP). Alle zur Markierung der richtigen Ausgangs-

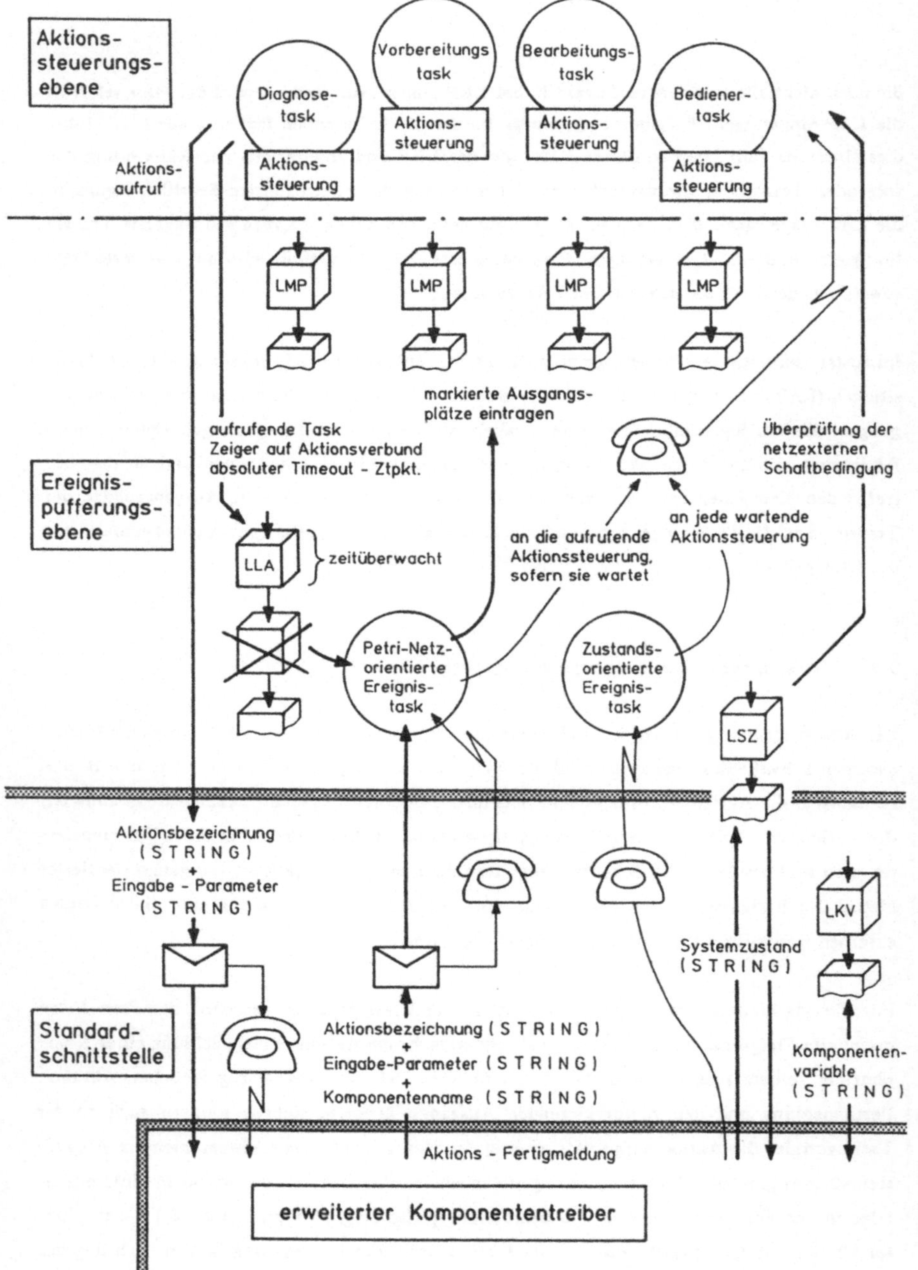

Bild 64: *Ereignispufferungsebene und Standardschnittstelle zu den Komponententreibern*

plätze im richtigen Aktionsnetz benötigten Referenzen finden sich in der *Liste aller in der Zelle laufenden Aktionen* (*LLA*), wo für jede aufgerufene Aktion der Zeiger auf den dazugehörigen Aktionsverbund zusammen mit der aufrufenden Task solange festgehalten wird, bis die Aktions-Fertigmeldung eintrifft. Diese setzt sich zu ihrer vollständigen Identifizierbarkeit am besten aus Aktionsbezeichnung, Parameter-String und Komponentenname zusammen.

Die Petri-Netz-orientierte Ereignistask weckt nach dem Markieren der Ausgangsplätze in der LMP natürlich nur die Aktionssteuerung, die die Aktion aufgerufen hat, – aber nur, sofern die betreffende Aktionssteuerung gerade ruht. Dagegen muß bei einer Systemzustandsänderung jede Aktionssteuerung geweckt werden, sofern sie sich im Wartezustand befindet; denn eventuell warten alle Aktionssteuerungen zugleich auf ein und denselben Systemzustand. Den Weckdienst übernimmt die *zustandsorientierte Ereignistask*, die von den installierten Komponententreibern bei jeder Änderung in der Liste aller Systemzustände (LSZ) gestartet wird. Das in der LSZ festgehaltene Zustandsabbild der Zelle soll nicht nur von den Aktionssteuerungen zur Überprüfung netzexterner Schaltbedingungen gelesen werden können, sondern auch von den Komponententreibern selbst. Deshalb wird die LSZ in der Prozeßarchitektur sinnvollerweise Bestandteil der Standardschnittstelle zu den Komponententreibern.

7.10. Zeitüberwachung für jede gestartete Aktion

Wenn der Aktionssteuerungs-Algorithmus auch von der Ereignispufferungsebene entkoppelt ist, so handelt es sich bei der realisierten Ablaufsteuerung in ihrer Gesamtheit dennoch um eine ereignisorientierte Steuerung. Bei einer ereignisorientierten Steuerung wird solange auf ein Ereignis gewartet, bis es eintrifft. Bleibt ein Ereignis fehlerbedingt aus, so kann dies zum Stillstand der gesamten Aktionssteuerung führen, ohne daß die eigentlich in einem solchen Fall erforderliche Fehlerbehandlung eingeleitet wird. Deshalb soll in der Ereignispufferungsebene das voraussichtliche Ende jeder in der Zelle laufenden Aktion zeitüberwacht werden, um bei einem Zeitüberlauf (Timeout) die Diagnosetask zu starten. Für die Abarbeitung des Aktionsnetzes bedeutet dies, daß durch die Überwachung des voraussagbaren Zeitverbrauchs jeder Transition ein Stillstand aufgrund einer unerfüllten netzinternen Schaltbedingung ausgeschlossen ist.

Um dies auch für die netzexterne Schaltbedingung zu gewährleisten, müßte das Eintreffen erwarteter Systemzustandsmuster zeitlich überwacht werden können. Während innerhalb einer aufgerufenen Aktion (*aktionssynchron*) gesetzte bzw. zurückgesetzte Zustände durch deren Zeitüberwachung mitüberwacht werden, läßt sich jedoch der Zeitpunkt einer *aktionsasynchro-*

nen Systemzustandsänderung (vgl. Kapitel 7.8.3.) in der Regel nicht vorhersagen und folglich auch nicht zeitlich überwachen. Bei den sich aktionsasynchron ändernden Systemzuständen handelt es sich hauptsächlich um Sensorzustände. Wenn auch in einer Fertigungszelle der unmittelbar vom Zellenrechner überwachte Sensorikanteil verschwindend klein gegenüber dem von der Steuerungsebene überwachten Anteil ist, so stellt er dennoch bezüglich seiner Überwachbarkeit einen Engpaß dar, dem in erster Linie durch den Einsatz von Redundanz begegnet werden kann. So läßt sich durch den Einsatz eines zweiwertiger Systemzustands für jeden Sensorzustand (Abprüfung auf Wahrheit der exklusiven ODER-Verknüpfung aller Sensorzustände, vgl. Kapitel 7.6.) sowie durch Mehrfachauslegung der Sensorik (Abprüfung der Äquivalenz aller Signale) meist erreichen, daß bei einer eintretenden Zustandsänderung zumindestens ein undefiniertes Ereignis registriert wird, das zu einer Fehleranzeige führt. Die Ursache für überhaupt nicht eintretende Systemzustände (zum Beispiel: 'Palettenstand_belegt' nicht gesetzt) läßt sich dagegen oft bereits an anderer Stelle (zum Beispiel: Palettentransportsystem defekt) erkennen.

Die Zeitüberwachung aller in der Zelle laufender Komponentenaktionen läßt sich im Vergleich dazu leicht mittels der Liste aller in der Zelle laufenden Aktionen (LLA, Bild 64) realisieren, wenn dort alle Aktionen bezüglich ihres aus der relativen Laufzeit berechenbaren absoluten Timeout-Zeitpunkts so eingetragen werden, daß sich eine zeitlich aufsteigende Reihenfolge ergibt. Dann braucht nur jeweils die erste Aktion in der LLA explizit zeitlich überwacht zu werden, damit die restlichen laufenden Aktionen implizit mitüberwacht werden. Braucht bzw. soll eine Aktion nicht zeitüberwacht werden, dann wird ihr vom Anwender eine relative Laufzeit von Null zugeordnet. Solche Aktionen werden dann am Ende der LLA mit einem so hohen Time-Zeitpunkt eingetragen, daß sie dabei quasi nicht zeitüberwacht werden. Ebenso werden zeitlich überfällige Aktionen, für die bereits eine Fehlerbehandlung in der Diagnosetask angelaufen ist, an das Ende der LLA gesetzt, um dort ohne weitere Überwachung auf ihre Fertigmeldung zu warten, ohne die Zeitüberwachung der anderen noch laufenden Aktionen zu stören.

8. Realisierung der erweiterten Komponententreiber

8.1. Begriffserklärung

Der Begriff des *Treibers* ist mehrdeutig /88/. Sowohl die physikalische Anschlußroutine im Betriebssystemkern, die für eine ganze Geräteklasse die Anpassung einer Hardware–Schnittstelle an für die Hochsprachen–Programmierung geeignete Ein-/Ausgabeaufrufe übernimmt, als auch der Geräteprozeß zur Anpassung eines speziellen Geräts aus dieser Klasse werden als Treiber bezeichnet /88,89,90/. Während die Kernroutinen – hier *Schnittstellentreiber* genannt – völlig universelle Ein-/Ausgabeaufrufe zur Verfügung stellen, bieten die Geräteprozesse (hier: *Komponententasks*) dem Zellenrechner–Systemprogrammkern eine auf dessen speziellen Ein-/Ausgabe–Bedürfnisse zugeschnittene Standardschnittstelle an. Nachdem bezüglich dieser logischen Standardschnittstelle die gleiche Funktionalität vorherrscht wie an der hochsprachlichen Oberfläche des physikalischen Schnittstellentreibers, soll die gesamte komponentenspezifische Anpassungssoftware zwischen logischer und physikalischer Schnittstelle als *(erweiterter) Komponententreiber* /63/ bezeichnet werden. Die gemeinsame Funktionalität eines erweiterten Treibers mit einem physikalischen Schnittstellentreiber bezieht sich dabei nicht nur darauf, daß die internen Mechanismen dem jeweiligen Anwendungsprogrammierer komfortable Komponentenzugriffe erlauben, sondern auch auf die Möglichkeit, von mehreren Tasks aus gleichzeitig Aufrufe absetzen zu können, die im Treiberprogramm in eine Warteschlange eingereiht und mit Rückmeldungen der Reihe nach abgearbeitet werden /90/.

8.2. Realisierung der Standardschnittstelle zwischen Zellenrechner–Systemprogrammkern und erweiterten Komponententreibern

8.2.1. Transparente Standardschnittstelle

Zur Ankopplung beliebiger erweiterter Komponententreiber ist es erforderlich, eine Standardschnittstelle (Bild 64) zum Systemprogrammkern zu schaffen, die lediglich die formalen Bedingungen für den Informationsaustausch festlegt, jedoch gegenüber dem Systemprogrammkern völlige Transparenz der Informationsinhalte gewährleistet. Dem Anwendungsprogrammierer steht dagegen der volle Funktionsumfang einer jeden Zellenkomponente mit allen aufrufbaren Aktionen sowie allen von ihr bereitgestellten Informationen über den technischen Prozeß zur Verfügung. Für die manuelle Programmierung bieten ausdruckbare Listen (Bild 65) einen

Komponente : **Roboter_1**

1. DNC – Funktionen

Eingabe	Ausgabe
" Daten_Einlesen " *(AKTION)* + Dateiname , Datenart *(EINGABEPARAMETER)*	————
" Daten_Ruecklesen " + Dateiname , Datenart bzw. Programmnummer	————
" Daten_Loeschen " + Datenart bzw. Programmnummer	————
" Programm_Start " + Programmnummer , Programm_Parameter	" Montage_1_Gut " bzw. " Montage_1_Ausschuss " *(aktionssynchroner SYSTEMZUSTAND)*
" Status_Abfrage " + Art , evtl. Dateiname	Betriebszustand als String unter " Roboter_1_Status " *(KOMPONENTENVARIABLE)*

2. Problemorientierte Aktionen

Eingabe	Ausgabe
" Hole_Schrauber " + Position des Schraubers	————
" Schraube " + Position des Gewindes , Drehrichtung	max. aufgetretener Meßwert eines Kraft –/ Momentensensors als Realwert unter " Messwert "

3. Aktionsasynchrone Rückmeldungen

Eingabe	Ausgabe
————	" Roboter_1_bereit " bzw. " Roboter_1_nicht_bereit" *(aktionsasynchroner SYSTEMZUSTAND)*

Bild 65: Überblick über den beispielhaften Funktionsumfang eines Roboters

Überblick über den Funktionsumfang jeder in der Treiberbibliothek vertretenen Komponente. Bei der maschinellen Programmierung können interaktive Hilfen zur Auswahl und zur Verwendung der richtigen Komponentenzugriffe den Programmierkomfort erhöhen (vgl. Kapitel 9.3).

8.2.2. Aktionsaufruf und Aktions–Fertigmeldung

Jeder Aktionsaufruf, der von einer Aktionssteuerung im Zellenrechner–Systemprogrammkern an einen Komponententreiber geschickt wird, besteht einheitlich aus zwei Zeichenketten, nämlich der Aktionsbezeichnung und einem String, der alle Eingabeparameter beinhaltet, die zur näheren Spezifikation der aufgerufenen Aktion dienen.

Wie aus der beispielhaften Komponentenliste für einen Roboter (Bild 65) zu entnehmen ist, kann es sich bei einer Komponentenaktion sowohl um eine DNC–Funktion /31,58/ (zum Beispiel "Daten_Einlesen") als auch um eine bereits problemorientierte Aktion (zum Beispiel "Schraube") handeln. Die Mächtigkeit einer Komponentenaktion hängt zum einen natürlich von den Fähigkeiten der Komponentensteuerung ab, zum anderen jedoch auch stark vom geplanten Einsatz der Komponente. So eignen sich problemorientierte Aktionen im besonderen für einen bereits vorbestimmten Einsatzbereich der Komponente. Wie Bild 66 zeigt, wird auch der Befehlsumfang der im Verlauf des Jahres 1987 zu erwartenden MAP–Funktionsschnittstelle MMFS (Manufacturing Message Format Standard)/EIA 1393A derartige komponentenbezogene Funktionen zur Verfügung stellen /91/.

Funktion	Beschreibung
cycle start	Aktivierung oder Beendigung des aktuellen Maschinensystems
part	Identifikation einzelner Werkstücke
axis offset	Achsenmanipulation
lift	Anheben eines bestimmten Gerätes

Bild 66: Beispiele für MMFS/EIA 1393A – Befehle

In jedem Fall wird es nötig sein, eine aufgerufene Aktion durch einen oder mehrere Eingabeparameter mit Detailinformationen zu versorgen. So interessiert bei der Aktion "Daten_Einlesen" natürlich, um welche Datenart (zum Beispiel Korrekturdaten, Roboterprogramm etc.) es sich handelt, und in welcher Datei diese Daten bereitstehen (Dateiname). Bei der Aktion 'Schraube' interessiert dagegen vielleicht die Position des Gewindes am Werkstück und die Drehrichtung. Um vom Inhalt und der Anzahl der Eingabeparameter unabhängig zu sein, werden alle zu einem Aktionsaufruf gehörigen Parameter vom Anwendungsprogrammierer in eine zusammenhängende Zeichenkette geschrieben, die erst im Komponententreiber wieder aufgebrochen wird.

Als Aktions-Fertigmeldung soll die Aktionsbezeichnung, die Zeichenkette mit allen Eingabeparametern und der Komponentenname an die Ereignispufferungsebene (Bild 64) geschickt werden. Dies macht dort eine vollständige Identifizierung der Aktion möglich und erspart den Weg über eigene namentlich unterscheidbare Endemeldungen für jede Aktion.

8.2.3. Genormte Aufbereitung der aus dem technischen Prozeß benötigten Informationen

Zur Verarbeitung der netzexternen Schaltbedingungen benötigt die Aktionssteuerung jeweils das aktuelle Zustandsabbild des technischen Prozesses. Dazu wird die LSZ (Bild 64) von den Komponententreibern stets aktualisiert. Da sie Bestandteil der Standardschnittstelle ist, steht ihr Inhalt neben dem Zellenrechner-Systemprogrammkern auch allen Komponententreibern zur Verfügung. Bei den darin enthaltenen Systemzuständen handelt es sich ebenfalls um transparente Zeichenketten. Wie Bild 65 zeigt, können diese Systemzustände aktionssynchron, also während die dazugehörige Aktion läuft, oder aktionsasynchron, also ohne Bezugsaktion in der Komponente, gesetzt bzw. zurückgesetzt werden. So kann ein Montageprogramm zum Beispiel eine ebenfalls von der Robotersteuerung übernommene Messung beinhalten, aufgrund derer exklusiv einer der beiden Zustände 'Montage_1_Gut' bzw. 'Montage_1_Ausschuß' aktionssynchron gesetzt wird. Ein mobiler Roboter kann beispielsweise aktionsasynchron exklusiv einen der beiden Zustände 'Roboter_1_bereit' bzw. 'Roboter_1_nicht_bereit' setzen, wenn er nach seiner Ankunft in der Zelle noch einige Zeit braucht, bis er wieder betriebsbereit ist.

Mit Hilfe eines boole'schen Ausdrucks aus zweiwertigen Systemzuständen lassen sich alle netzexternen Schaltbedingungen darstellen, da eine Schaltbedingung ebenfalls immer zweiwertig ist (vgl. Kapitel 7.6.). Als Schaltbedingung können das direkte Abbild einer Schalterstellung im technischen Prozeß oder eine innerhalb eines Komponententreibers getroffene Entscheidung – zum Beispiel, ob ein Meßergebnis unterhalb oder oberhalb einer vorgegebenen Schranke liegt – dienen. Bleibt die Schaltbedingung nicht konstant (zum Beispiel auftragsabhängige Toleranzen), so können im Komponententreiber die erforderliche Entscheidung nur getroffen

und der entsprechende Zustand gesetzt werden, wenn die Schaltschwelle vom Anwendungsprogrammierer als Eingabeparameter der dazugehörigen Aktion mitübergeben worden ist.

Dient als Schaltschwelle jedoch der zur Laufzeit ermittelte Meßwert einer anderen Komponente, so erfordert dies genauso die Verwendung von Variablen wie der Wunsch, einzelne markan-
te Meßergebnisse oder Daten aus dem Prozeßverlauf herauszugreifen und entsprechend den
Anweisungen in der Ablaufvorschrift abzuspeichern oder sichtbar zu machen. Aus diesem
Grund stellt jede Komponente eine Reihe von *Komponentenvariablen* zur Verfügung, auf de-
ren Wert alle anderen Komponententreiber zugreifen können. Diese Komponentenvariablen
(*Liste aller Komponentenvariablen, LKV*) sind deswegen Bestandteil der Standardschnittstelle
(Bild 64). Ihr Wert kann im dazugehörigen Variablenverbund gelesen bzw. eingetragen werden.
Ein Variablenverbund enthält den Komponentennamen, um gleichartige Variablennamen ver-
schiedener Komponenten unterscheiden zu können, den Variablennamen und den Wert als
Zeichenkette. Dies hat den Vorteil, daß alle Variablenverbunde gleichen Typs sind. Außerdem
läßt sich der Wert jeder Variable auf diese Weise problemlos in ein textuelles File abspeichern,
während er im Komponententreiber entsprechend seines wirklichen Typs ausgewertet kann.
Der in Bild 65 gezeigte beispielhafte Komponententreiber liefert zum Beispiel nach Aufruf
der Aktion 'Schraube' den maximal aufgetretenen Meßwert eines Kraft-/Momentensensors
beim Schrauben als Realzahl unter dem Variablennamen 'Messwert'.

Nachdem aufgrund der bisher beschriebenen Standardschnittstelle für alle im Zellenrechner-
Systemprogrammkern laufenden Aktionssteuerungen die Möglichkeit besteht,
– alle möglichen Komponentenaktionen aufzurufen,
– einem Aktionsaufruf als Eingabevariable sowohl vom Anwender festgelegte Konstanten als
  auch sich während der Laufzeit ändernde Variable mitzuübergeben,
– Aktions-Fertigmeldungen zur Erfüllung ihrer netzinternen Schaltbedingungen zu erhalten
  und
– alle zur Erfüllung ihrer netzexternen Schaltbedingungen erforderlichen Systemzustände abhängig von konstanten sowie variablen Schaltschwellen zu erhalten,
läßt sich behaupten, daß diese Standardschnittstelle trotz ihrer erfreulich wenig Elemente allen
erdenklichen Anforderungen standhält.

8.3. Ausführung rechnerinterner Aktionen in der Rechnerkomponente

Dem Anwendungsprogrammierer sollen bei der Erstellung eines Aktionsnetzes selbstverständlich auch arithmetische Operationen, Vergleichsoperationen, Zuweisungen, Ein- und Ausgabe-

Komponente : **Rechner_Komponente**

1. Rechenoperationen

Aktion	Eingabeparameter
Vergleich	< Typ > : <x> < Operation > <y> , ok_< Zustand > , nok_< Zustand >

< Typ >	:: =	String | Char | Integer | Real | Bool
< Operation >	:: =	< | > | < = | > = | =
<x>,<y>	:: =	≼ Konstante > | < Variable >
< Konstante >	:: =	" { < Ziffer > | < Buchstabe > }* " | true | false | { < Ziffer > }* [. { < Ziffer > }*]
< Variable >	:: =	[< Komponente > .] < Variablenname >
< Komponente >	:: =	< Buchstabe > { < Buchstabe > | < Ziffer > }*
< Variablenname >	:: =	< Buchstabe > { < Buchstabe > | < Ziffer > }*
< Zustand >	:: =	{ < Ziffer > | < Buchstabe > }*

Zuweisung	< Typ > : <x> := <y>

< Typ >	:: =	String | Char | Integer | Real | Bool
<x>	:: =	< Variable >
<y>	:: =	< Variable > | < Konstante >

Operation	< Typ > : <z> := <x> < Operation > <y>

< Typ >	:: =	Integer | Real
< Operation >	:: =	+ | – | * | /
<z>	:: =	< Variable >
<x>,<y>	:: =	< Variable > | < Konstante >

2. Ein–/Ausgabeoperationen

String_in_File	< Filename > , < string >

< Filename >	:: =	< Buchstabe > { < Buchstabe > | < Ziffer > }*
< string >	:: =	< Variable > | < Konstante >

Datum_in_File	< Filename >

String_aus_File	< Filename > , < string >

< string >	:: =	< Variable >

Ersetze_in_File	< Filename > , < string1 > , < string2 >

< string1 >	:: =	< Konstante >
< string2 >	:: =	< Variable > | < Konstante >

3. Leeraktion

Leer_aktion	*ohne Wirkung*

4. Permanente Komponentenvariable

Ist_stueckzahl

Bild 67: Auszug aus dem Funktionsumfang der Rechnerkomponente

operationen sowie selbst definierbare Variable zur Verfügung stehen. Zur Wahrung der Kontinuität werden alle diese rechnerinternen Operationen einheitlich als *Rechneraktionen* von einer
Rechnerkomponente angeboten (Bild 67). Die anwenderspezifischen Variablen werden ebenfalls
in die LKV eingetragen und zwar der Rechnerkomponente zugeordnet. Dadurch besteht weder
bei der Programmierung ein Unterschied zur Verwendung anderer Komponentenaktionen
(Bild 58) noch bei der Abarbeitung des Aktionsnetzes in der Aktionssteuerung; denn auch der
Informationsaustausch mit der Rechnerkomponente erfolgt über die Standardschnittstelle. Da
die Rechnerkomponententask eine standardmäßige Einrichtung ist, bleibt sie allerdings Bestandteil des Zellenrechner–Systemprogrammkerns.

Der Programmierer kann seine eigenen Variablen am Anfang des Aktionsnetzes deklarieren.
Sie werden für die Ablaufdauer des Aktionsnetzes in der LKV gehalten und nach dem Ablauf
wieder gelöscht. Einzige permanente Variable der Rechnerkomponente ist die 'Ist_Stückzahl',
da diese in jedem Fall als Schleifenzähler für die Ablaufvorschrift in der Bearbeitungsphase
dient und folglich einen festen Bestandteil des Mechanismus zum 'Definierten Abbruchs' der
Bearbeitungsphase (vgl. Kapitel 6.3.5.) bildet. Während die Variablenbezeichnung üblicherweise aus Komponentenname und Variablenname besteht (zum Beispiel 'Messkomponente.Mess-
wert') können die Variablen der Rechnerkomponente der Einfachheit halber allein mit ihrem
Variablennamen verwendet werden.

Jeder aufgerufenen Rechneraktion kann zur genauen Spezifikation eine Eingabeparameter-
Zeichenkette beigefügt werden. Dabei kann es sich beipielsweise um die Angabe der auszuführenden Gleichung bei einer Arithmetik–Aktion handelt oder bei einer Vergleichs–Aktion
um eine (Un)gleichung mit Angabe von zwei selbstgewählten Systemzustandsnamen, von denen exklusiv einer ergebnisabhängig in die LSZ eingetragen wird.

Die Rechnerkomponente stellt natürlich auch eine Reihe von Ein–/Ausgabe–Operationen zur
Verfügung, die es ermöglichen, zur Laufzeit des Aktionsnetzes bestimmte Daten auf das
Bedienerterminal, in die Datenbank oder in ein File (vgl. Bild 67) zu schreiben bzw. von dort
zu holen. Damit lassen sich zum Beipiel Funktionen zur Betriebsdatenerfassung ablaufabhängig
im Aktionsnetz vom Anwender programmieren. Dabei wird es sich jedoch jederzeit nur um
einzelne markante Daten handeln und nicht beispielsweise um die Dokumentation eines Signalverlauf im technischen Prozeß, da dies nicht Aufgabe der Aktionssteuerung ist, sondern einer Komponententask in der Aktionsausführungsebene. Eine Komponententask kann nämlich
durch einen einzigen Aktionsaufruf veranlaßt werden, einen Signalverlauf echtzeitgerecht
über einen bestimmten Zeitraum zu erfassen beziehungsweise solange, bis ein zweiter Aktionsaufruf die Erfassung abbricht.

Letztendlich ist es zweckmäßig auch eine nichts bewirkende ´Leer_Aktion´ (vgl. Bild 58) als Rechneraktion zur Verfügung zu stellen.

8.4. Aufruf der Funktionen zum Bedarfsabgleich im Anwenderprogramm

Die komponentenübergreifenden Funktionen zum Bedarfsabgleich in der Materialflußzellen- rechnertask (vgl. Kapitel 6.6.) sollen vom Anwendungsprogrammierer gezielt an die Pro- grammstellen in der Ablaufvorschrift gesetzt werden können, wo immer ein Bedarfsabgleich mit anderen Aktionssteuerungen in anderen Zellenrechnern oder auch im selben Zellenrechner erforderlich ist. Dazu stehen dem Anwendungsprogrammierer vier parametrisierbare Aufrufe zur Verfügung (Bild 68), die genauso wie Aufrufe von Komponentenaktionen verwendet und im Aktionssteuerungs-Algorithmus behandelt werden. Dies setzt natürlich voraus, daß die Ma- terialflußzellenrechnertask aus der Sicht der Ablaufsteuerung über die gleiche Standardschnitt- stelle angekoppelt ist wie die Komponententreiber, während sie natürlich in ihrer Eigenschaft als Dialogtask dem Zellenrechner-Systemprogrammkern eine weitaus umfassendere Schnitt- stelle zur Verfügung stellt (vgl. Kapitel 6.6.).

Komponente : **MZR — Task**

Funktionen zum Zellenbedarfsabgleich

Funktion	Eingabeparameter
Reserviere	Betriebsmittel – Kennzeichnung, [Ziel]
Freigabe	Betriebsmittel – Kennzeichnung
Versorge	< Objekt > , Ziel
Entsorge	< Objekt >

< Objekt > :: =   Betriebsmittel – Kennzeichnung

     I   Werkstück – Typ

     I   Speicher – Kennzeichnung (Werkstück – Typ)

     I   Speicher – Typ (Werkstück – Typ)

Bild 68: Im Anwenderprogramm aufrufbare Bedarfsabgleichsfunktionen

8.5.   Erweiterte Komponententreiber als eigenständige Programme

Da es möglich ist, die erweiterten Komponententreiber lediglich über eine nur wenige Elemente umfassende Standardschnittstelle an den Zellenrechner-Systemprogrammkern zu koppeln, während sie sonst weder untereinander noch mit dem Systemprogrammkern eine weitergehende Bindung (beispielsweise über gemeinsame programmspezifische Variable) besitzen, bietet sich die Realisierung der Komponententask als eigenständiger Prozeß in einer Mult programming-Architektur an (vgl. Kapitel 6.2.). Dies erlaubt in jedem Fall *implizit* auf eine Eingabe seitens des technischen Prozesses zu *warten* /92/, ohne alle Subprozesse des als Multitaskingsystem ausgelegten Zellenrechner-Systemprogrammkern gleichzeitig zum Warten zu zwingen. Gerade was aber die Unstetigkeiten in der Kommunikation mit dem technischen Prozeß angeht, erweist es sich nämlich als sinnvoll, auf *explizite Warteaufrufe* zu verzichten. Außerdem besteht in einem Multiprogrammingsystem die Möglichkeit, auch von anderen Programmpaketen aus auf denselben Komponententreiber zuzugreifen, wobei dies bei einer vernetzten Rechnerarchitektur nicht einmal auf eine Rechnerhardware begrenzt ist. So können zum Beispiel Materialflußzellenrechner und Fertigungszellenrechner auf einen gemeinsamen Roboter über einen einmal installierten Komponententreiber zugreifen, sofern sie die entsprechende Zugriffsberechtigung (Token, vgl. Kapitel 6.6.) dazu besitzen. Daß ein eigenständiges Programm auch frei bezüglich der Wahl der Programmiersprache macht, wirkt sich in diesem Bereich ebenfalls besonders günstig aus, da die meisten Komponententreiber in der Regel von unterschiedlichen Programmierern stammen.

```
+ Komponente_1,
+ Roboter_1,
+ Komponente_3,
+ Komponente_4,

- Palette_1,
- Konveyor_3,
- Komponente_4.
```

Bild 69: Konfigurationsdatei einer Fertigungszelle

Für den Nachrichtenaustausch, der zum Aktionsaufruf, zum Empfang der Aktions-Fertigmeldung sowie für den Weckdienst bei der Änderung eines Systemzustands erforderlich wird, bieten sich alle bekannten Verfahren der Interprozeßkommunikation (zum Beispiel Mailboxen in Verbindung mit Softwareinterrupts) an. Für den lesenden und schreibenden Zugriff auf die allen Programmen gemeinsamen LSZ und LKV (Bild 64) eignet sich zum Beispiel eine Lösung mit indexsequentiellen "Shared Files" /53/, da dabei dem Betriebssystem die Zugriffsverwaltung überlassen wird.

Die Generierung eines vollständigen Zellenrechner-Systemprogramms beschränkt sich dann lediglich auf das Starten des Systemprogrammkerns, der in seiner Initialisierungsphase für alle in einem Konfigurationsfile aufgelisteten ansteuerbaren Komponenten (in Bild 69 mit "+" gekennzeichnet) die entprechenden Komponentenprozesse installiert und die Verbindung über die Standardschnittstelle aufbaut. Für alle Komponenten, die innerhalb der Zellenkonfiguration temporär gemeinsame Betriebsmittel darstellen (in Bild 69 mit "-" gekennzeichnet) werden ebenfalls in der Initialisierungsphase Tokens erzeugt und in die betreffende Token-Liste in der Materialflußzellenrechnertask eingetragen.

8.6.   Aufbau eines erweiterten Komponententreibers

Der Umfang eines erweiterten Komponententreibers ist zunächst abhängig von der Komponente selbst. Handelt es sich dabei um ein paar über die Zelle verteilte Schalter, die zu einer logischen Komponente zusammengefaßt sind, so ist es Aufgabe des erweiterten Treibers, die Schalterzustandsänderungen zu erfassen und dementsprechend die Liste aller Systemzustände (LSZ) zu aktualisieren. Handelt es sich dagegen um eine Komponente, die eine Steuerung mit einem umfassenden DNC-Funktionsumfang besitzt, so kann die Mächtigkeit des Komponententreibers hauptsächlich durch das realisierte Übertragungsprotokoll bestimmt werden.

Einen weiteren Einfluß auf den Umfang hat natürlich der Umsetzungsaufwand zwischen den an der logischen Schnittstelle zur Verfügung gestellten Aktionen und der tatsächlich seitens der Komponentensteuerung zur Verfügung gestellten Funktionalität. Die MAP-Standardisierungsbemühungen /91,93/ lassen nicht nur auf einen einheitlichen Befehlsumfang aller Komponentensteuerungen hoffen, sondern auch darauf, den Umsetzungsaufwand zwischen logischer und physikalischer Schnittstelle immer weiter zusammenschrumpfen zu lassen. Im Grenzfall wäre es sogar denkbar, die mit dem Zellenrechner-Systemprogrammkern vernetzten Komponentensteuerungen ohne weitere Anpassung direkt an die für die Interprozeßkommunikation ausgelegte Standardschnittstelle (vgl. Kapitel 8.5.) anzukoppeln.

Die reale Situation im Werkstattbereich macht es jedoch immer noch bei einer Vielzahl von DNC-unfreundlichen Maschinen- und Robotersteuerungen erforderlich, anwenderseitig mittels aufwendiger Kopplungshardware für notdürftige DNC-Fähigkeit zu sorgen. So zeigt Bild

70 die beispielhafte Ankopplung einer CNC-Werkzeugmaschinensteuerung (Baujahr 1984) an
den übergeordneten Bearbeitungszellenrechner. Während die Datenübertragung seriell über die
Behind-Tape-Reader (*BTR*) - Schnittstelle erfolgen kann, ist es zur automatischen Maschinen-
bedienung erforderlich, mittels eines Parallelinterface einige Bedienfeldtasten elektronisch zu
überbrücken, LED - Anzeigen abzufragen sowie eine Reihe von SPS-Eingängen anzusteuern.
Neuere Steuerungen stellen wenigstens die DNC-Grundfunktionen /31/ an einer eigenen
Schnittstelle zur Verfügung; der Start von Steuerungsprogrammen muß jedoch noch umständlich über SPS-Eingänge erfolgen /58/. Erst bei der Steuerungsgeneration, die im Laufe 1987
ausgeliefert wird, kann man in der Regel davon ausgehen, daß eine umfassende DNC-
Schnittstelle angeboten wird.

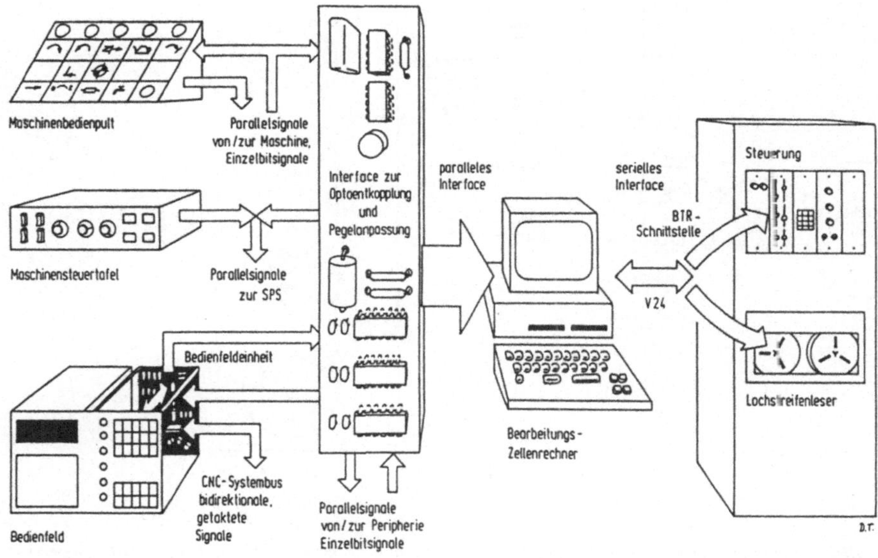

Bild 70: Hardware-Ankopplung einer DNC-unfreundlichen CNC-Steuerung

Es kann also über den Umfang heute eingesetzter Komponententreiber keine allgemeingültige
Aussage gemacht werden. Dies bedeutet folglich für die Realisierung, daß sich für einen erweiterten Treiber als Gesamtkonzept keine Universalität erreichen läßt, jedoch sicherlich für
einzelne Standardmodule, aus denen sich ein spezieller Komponententreiber zusammensetzen
läßt. Nachdem aber die Treibererstellung gewiß nicht in den Händen des Anwendungsprogrammierers der Zellenablaufvorschrift (vgl. Kapitel 9) liegt, sondern im Verantwortungsbe-

127

reich eines erfahrenen Programmiers – wünschenswerterweise sogar im Haus des Komponentenanbieters selbst –, sind Eingriffe in den Quellcode selbstverständlich und brauchen deshalb nicht vermieden werden.

Bild 71 zeigt die Dialogebenen in einem typischen Komponententreiber für eine Robotersteuerung, die über eine protokollgesicherte (LSV 2 – Prozedur /58/) serielle Verbindung (V.24, 20mA) an die Zellenrechner-Hardware angekoppelt werden kann und eine umfassende DNC-Funktionalität zur Verfügung stellt.

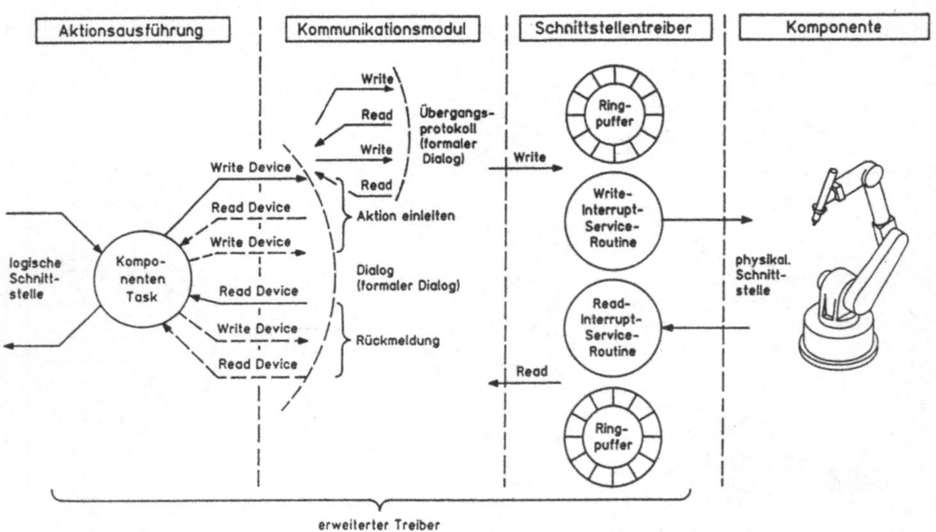

Bild 71: Komponententreiber-Dialogebenen zur Anpassung einer DNC-fähigen Robotersteuerung

In der *Aktionsausführungsebene* findet die bidirektionale Aufbereitung statt zwischen Formaten und Inhalten des Informationsaustausches an der logischen Schnittstelle und des *funktionalen Dialogs* mit der Robotersteuerung. Dazu müssen die Informationseinheiten eventuell inhaltlich verändert, umformatiert und anders portioniert werden. Zum Beispiel steht hinter der Aktion 'Daten_Einlesen' zunächst einmal ein Dialog mit der Robotersteuerung, der sicherstellt, daß überhaupt mit der Datenübertragung begonnen werden kann. Für die Datenübertragung selbst ist es erforderlich, die Daten blockweise aufzulösen, da sie nur portionsweise übertragen werden können. Der funktionale Dialog zur Abwicklung einer Aktion kann also in beiden

Richtungen eine Reihe von Telegrammen umfassen (Subaktionssteuerung, vgl. Kapitel 7.1.).

Dazu kann das *Kommunikationsmodul* eine Standardschnittstelle für die Aktionsausführungsebene zur protokollunterstützten Ein- und Ausgabe von Telegrammeninhalten anbieten. Es
kann sich dabei zum Beispiel um die Prozeduren 'Write_Device' bzw. 'Read_Device'
handeln, die aufgrund eines zusätzlichen Eingabeparameters das richtige Übertragungsprotokoll auswählen. Die Ein- bzw. Ausgabe dieser Telegramme kann jedoch im Fall der LSV2-
Prozedur immer noch nicht in einem Zug abgewickelt werden, sondern macht jeweils nochmals einen protokollbedingten *formalen Dialog* erforderlich, der über die Ein- und Ausgabeprozeduren des Schnittstellentreibers abgewickelt wird. Diese Ein- und Ausgabeprozeduren
bilden sowieso von jedem Hochsprachenprogramm aus eine Standardschnittstelle zum
Betriebssystemkern.

Während Übertragungsprotokolle wie die LSV2-Prozedur bereits eine Plausibilitäts- und Zeitüberwachung des formalen Dialogs beinhalten, in der Aktionsausführungsebene natürlich noch
eine mehrstufige Plausibilitätsüberprüfung der eintreffenden Telegramminhalte notwendig.
Dazu gehört die Überprüfung darauf, ob der Inhalt korrekt und zu diesem Zeitpunkt überhaupt erwartet ist, aber auch bereits eine Interpretation des Inhalts, soweit dies Aufgabe des
Komponententreibers ist. Wird ein Fehler im formalen oder funktionalen Dialog erkannt, so
muß die Diagnosetask im Zellenrechner-Systemprogrammkern davon in Kenntnis gesetzt
werden. Dies kann zweckmäßigerweise ebenfalls über den Kanal der Standardschnittstelle zur
Aktions-Fertigmeldung geschehen, da dort zugleich für die betreffende Komponentenaktion
ein Abbruch der Zeitüberwachung durch Umhängen in der Liste aller laufenden Aktionen
(LLA) erfolgen kann (vgl. Kapitel 7.10.).

9. Generierung und Programmierung des Zellenrechner–Systemprogramms durch den Anwender

9.1. Verlagerung aller Konfigurations– und Auftragsabhängigkeiten vom Systemprogramm-kern in externe Strukturen

In den vorangegangenen Kapiteln hat sich gezeigt, daß den meisten Dienstleistungsmoduln von vornherein applikationsneutrale Algorithmen zugrundeliegen (zum Beispiel Optimierungsver-fahren, Betriebsmittelverwaltung oder Auftragseinlastung), die zwar konfigurations– und auf-tragsabhängige Datensätze bearbeiten, jedoch nach konstanten Vorschriften. Durch die Ausla-gerung dieser Daten (zum Beispiel Betriebsmittelbedarf oder Systemabbild, vgl. Bild 72) in *systemprogramm–externe Datenstrukturen* (Datenbank, Datenfiles) läßt sich nicht nur leicht ei-ne Konfigurations– und Auftragsneutralität des Systemprogrammkerns erreichen, sondern auch ein zeitlich und örtlich entkoppelter Zugriff auf diese Daten von anderen Programmen aus (zum Beispiel Leitrechner).

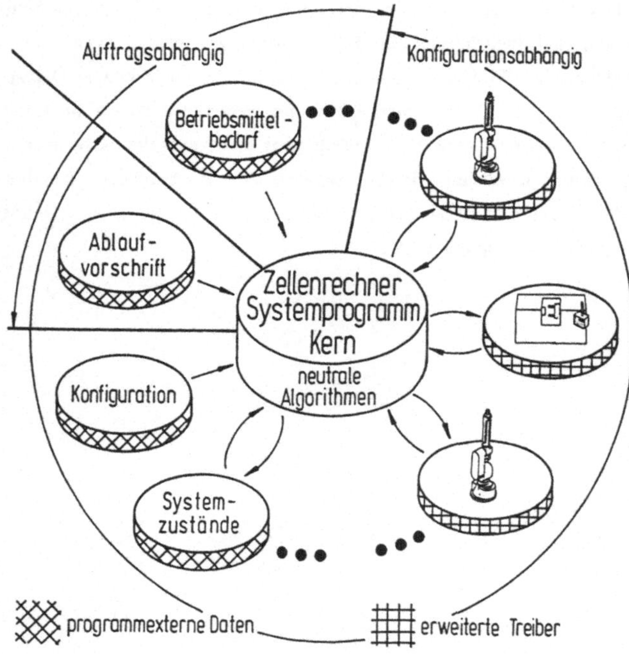

Bild 72: Prinzip zur Konfigurations– und Auftragsunabhängigkeit des Systemprogrammkerns

Im Fall der Ablaufsteuerung bestimmt dagegen die jeweilige Zellenkonfiguration die Struktur des Zellenrechner-Systemprogramms und der aktuelle Auftrag sowohl die auszuführenden Komponentenaktionen als auch die dazwischen bestehenden Reihenfolgebeziehungen

Durch Auslagerung der Konfigurationsabhängigkeit in eigenständige komponentenspezifische Anpassungsprogramme (erweiterte Komponententreiber, vgl. Bild 72) läßt sich die Generierung des Systemprogramms auf einen konstanten Algorithmus zurückführen (vgl. Kapitel 7 und 8), der mittels eines Datenfile (Bild 69) beliebige *erweiterte Komponententreiber* ohne Eingriff in den lauffähigen Systemprogrammkern anbinden kann.

Um ein Maximum an Freiheitsgraden in der systemprogramm-externen Programmierung von Ablaufvarianten (Anwendungsprogrammierung) zu schaffen, müssen nicht nur die entsprechenden Aktionsaufrufe in systemprogramm-externe Datensätze ausgelagert werden, sondern auch alle dazwischen bestehenden Reihenfolgebeziehungen, also die komplette Verarbeitungsvorschrift (Bild 72). Dies führt zu einem Algorithmus, der jeden beliebigen nach entsprechenden Syntaxregeln erstellten Ablauf verarbeiten kann und damit ebenfalls die gewünschte Auftrags- und Konfigurationsneutralität aufweist.

Bild 73 verdeutlicht nochmals den Zusammenhang der einzelnen Schichten der hier beschriebenen Zellenrechnerlösung. Das Zellenrechner-Systemprogramm setzt sich aus dem universellen Zellenrechner-Systemprogrammkern und den konfigurationsabhängigen Komponentenprozessen zusammen. Diese bilden wiederum zusammen mit den zum Betriebssystem gehörigen Schnittstellentreibern die erweiterten Komponententreiber. Betriebssystemdienste machen auch die Kommunikation zwischen dem Systemprogrammkern und den Komponentenprozessen möglich. Die Anwendungsprogrammierung des Zellenrechner-Systemprogramms erfolgt in der obersten Schicht, der gegenüber die Zellenrechnersoftware völlige Transparenz gewährleistet.

Daß der Zellenrechner völlig universell in jeder Fertigungszelle eingesetzt werden kann, ohne in den Systemprogrammkern eingreifen zu müssen, kommt nicht nur dem Systemanbieter zugute, da für die Anpassung keine systemprogrammkern-spezifischen Detailkenntnisse mehr erforderlich sind, sondern in besonderer Weise auch dem Anwender, da er dadurch vom Systemanbieter unabhängig wird. So besteht für ihn die Möglichkeit, Zellen modular zusammenzustellen, ohne bei einzelnen Komponenten Kompromisse zugunsten eines kompakt angebotenen Systems schließen zu müssen. Außerdem lassen sich auch nach längerer Betriebsphase einzelne Komponenten im Zuge einer individuellen Problemanpassung austauschen oder neu kombinieren. Voraussetzung dafür ist, daß jede Komponente bereits vom Hersteller mit einer einheitlichen Standardschnittstelle (vgl. Kapitel 8.2.) ausgerüstet wird. Standardschnittstellen zum Anschluß von Zellenkomponenten sind deswegen nicht nur Gegenstand der MAP-Standardisierungsbemühungen /91,93/, sondern auch einer Reihe zur Zeit vom Bundesministerium für Forschung und Technologie geförderter Verbundprojekte (zum Beispiel 'Fortschrittliche Robotersteuerungstechnik' oder 'Intelligente Sensorsysteme').

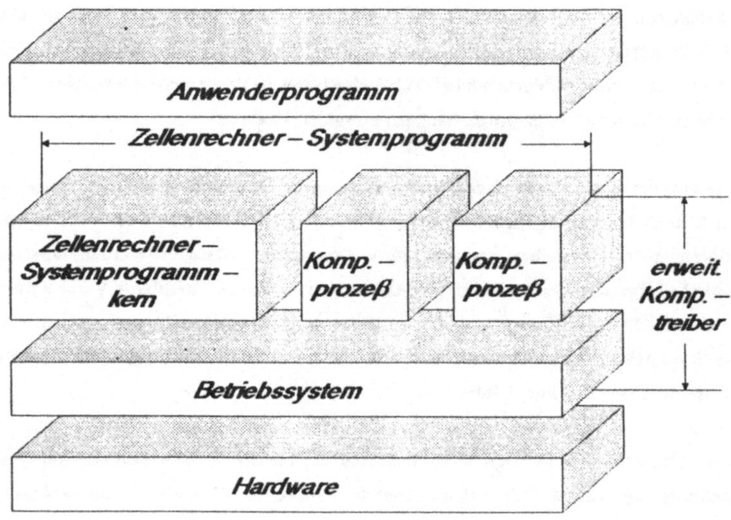

Bild 73: Schichtenmodell des Zellenrechnerkonzepts

Nachdem das vorgestellte Zellenrechnerkonzept eine Verlagerung der Generier- und Programmieraktivitäten vom Anbieter zum Kunden möglich macht, stellt sich abschließend die Frage danach, wo und mit welchen Hilfsmitteln der Anwender die dafür erforderlichen Daten erstellt. Genauso ist von Interesse, wer für die Datenerstellung bei einem zukünftigen Anwendungsbetrieb verantwortlich sein wird, obwohl eine Aussage darüber natürlich stark von jeweiligen innerbetrieblichen Strukturen abhängig ist.

9.2. Generierung des Zellenrechner-Systemprogramms durch den Anwender

Unabhängig davon, wer zunächst für den Aufbau und Inbetriebnahme einer Zelle verantwortlich ist, wird es für die Betriebsphase einen verantwortlichen Betriebsingenieur geben, der in der Lage sein muß, nach einem Stillstand die Anlage wieder hochzufahren. Dazu gehört sowohl ein umfangreiches Wissen über alle in der Zelle eingesetzten Komponenten und ihr Zusammenwirken als auch über die Anwendung des Zellenrechners. Dieses Wissen umfaßt natürlich auch die Kenntnis aller eingebundener Komponententreiber und damit implizit die Möglichkeit, neue Komponententreiber einzubinden, sowie die Kenntnis von Kollisionsgefahren und damit implizit die Kenntnis aller temporär gemeinsamer Betriebsmittel. Mit diesem Know-how ist der Anwender in der Lage, für jede beliebige Zelle das entsprechende Konfigurationsfile zu erstellen und den Zellenrechner in Betrieb zu nehmen. Inwieweit der wahrscheinlich weniger qualifizierte Zellenbediener ebenfalls in der Lage ist, die Anlage hochzufahren, hängt natürlich stark von der dabei gebotenen Unterstützung am Zellenrechnerterminal ab. So ist es denkbar, daß in Zukunft der Zellenrechner-Systemprogrammkern bei der Systemgenerierung die Funktion eines Beratungssystem (vgl. /94/) übernimmt.

9.3.   Programmierung der Ablaufvorschrift durch den Anwender

9.3.1.   Personelle Zuordnung, Art und Ort der Anwendungsprogrammierung

Im Gegensatz zum Konfigurationsfile bei der Generierung des Zellenrechner-Systemprogramms werden alle anderen Daten während der Laufzeit des Zellenrechners benötigt. Dies trifft natürlich auch auf die als Anwenderprogramm erstellte Ablaufvorschrift (im folgenden *Zellenprogramm* genannt) zu, die auftragsabhängig in das Systemprogramm geladen wird, um dort ausgeführt zu werden. Diesbezüglich liegt der Vergleich mit einem Roboterprogramm /95/ oder einem Teileprogramm nach DIN 66025 /86/ auf der Hand. Ob sich die Erstellung der Zellenprogramms ebenfalls mit der Erstellung eines Anwenderprogramms für einen Roboter oder eine Werkzeugmaschine vergleichen läßt, soll im folgenden betrachtet werden.

In einer Montagezelle ist die Programmierung der Roboter eng verknüpft mit der Zellenprogrammierung, da in beiden Ebenen ein hoher Anteil an zusammenwirkenden Zuführungsaufgaben ausgeführt werden muß. Dies hängt nicht zuletzt auch mit der oft verteilten Struktur des Zellenkerns einer Montagezelle (vgl. Kapitel 3) zusammen. Deswegen wäre es sicherlich von Vorteil, wenn es sich beim Roboterprogrammierer und Zellenprogrammierer um ein und dieselbe Person handeln würde. Zudem sind einem Roboterprogrammierer auch die vier Kontrollstrukturen des strukturierten Programmierens (vgl. Kapitel 7.5.) nicht fremd, da sie Bestandteile moderner Roboterprogrammiersprachen sind /95/. Deswegen können Roboterprogrammierer in der Regel bereits mit der Flußdiagrammdarstellung (vgl. Kapitel 7.8.4) umgehen, nachdem diese für den Programmentwurf am weitesten verbreitet ist.

In Bearbeitungszellen sind dagegen eher konzentrierte Zellenkernstrukturen mit wenig flexiblen Abläufen zu finden. Für den heutigen NC-Programmierer steht deshalb in der Regel der Fertigungsprozeß im Mittelpunkt, nicht aber der zelleninterne Materialfluß. Da aber viele CNC-Steuerungen bereits in der Lage sind, die Steuerung von Handhabungssystemen mitzuübernehmen /96,97/, fallen zunehmend auch Materialflußfunktionen in den Aufgabenbereich des NC-Programmiers. Darunter können zukünftig auch alle auftragsbezogenen Änderungen im Zellenablauf fallen, zumal sich im Fall der Bearbeitungszelle die einzelnen Aufträge bezüglich des Zellenablaufs meist nur in wenigen parametrisierbaren Punkten unterscheiden. Deswegen kann die hauptsächlich konfigurationsabhängige Ablaufvorschrift oft bei der Generierung des Zellenrechner-Systemprogramms einmalig erstellt und in den auftragsabhängigen Teilen parametrisiert (vgl. Kapitel 7.5.) werden. Die Programmerstellung kann in diesem Fall entweder der verantwortliche Betriebsingenieur beim Anwender oder bei einer kompakt angebotenen Systemlösung, die im Bereich der Teilefertigung auch in absehbarer Zukunft noch eine dominante Rolle spielen wird, der Hersteller selbst übernehmen, so daß der NC-Programmierer lediglich die auftragsbezogenen Parameter aktualisieren muß und damit in der Regel weniger detailliert in die Zellenprogrammierung einsteigen muß als der Roboterprogrammierer.

Die Betriebsmittelbewegungsdaten (vgl. Kapitel 6.3.3.) können wegen ihrer völligen Auftragsunabhängigkeit in jedem Fall bereits vor oder bei der Inbetriebnahme der Zelle erstellt werden. Die Programmierung der dafür erforderlichen Aktionsmakros wird deshalb zweckmäßigerweise beim Anwender der für die Zelle verantwortliche Betriebsingenieur und im Fall einer kompakt angebotenen Systemlösung der Hersteller übernehmen.

Der Ort für die Erstellung der auftragsabhängigen Ablaufvorschrift kann sich unmittelbar in der Zelle befinden (Werkstattprogrammierung). Nachdem aufgrund des zunehmenden Automatisierungsgrades im Zellenbereich in Zukunft die Bedienung der gesamten Zelle in den Aufgabenbereich des heutigen Maschinenbedieners fallen wird und außerdem die Zellenprogrammierung und Steuerungsprogrammierung durchaus in Personalunion stattfinden kann, wird der zukünftige Zellenbediener auch die Werkstattprogrammierung des Zellenrechners übernehmen. Die Programmierung findet zweckmäßigerweise am Zellenrechnerterminal statt (maschinelle Programmierung), da dort dem Programmierer einige Unterstützung angeboten wird. Zum einen kann die Programmierung mit Hilfe graphischer Symbolik gemäß DIN 66001 /85/ erfolgen, wobei allerdings nur jeweils vollständige, jedoch beliebig verfeinerbare Kontrollstrukturen zur Auswahl stehen, um zum strukturierten Programmieren zu zwingen. Die Umsetzung in das textuelle Aktionsnetz als Standardschnittstelle zur Anwenderprogrammier-

Oberfläche (vgl. Kapitel 7.5. und 7.8.5.) erfolgt dabei automatisch. Zum anderen werden für das Einfahren eines neuen Programms ebenfalls eine Reihe von Hilfen angeboten (zum Beispiel Einzelsatzbetrieb). Die manuelle Programmierung erfordert dagegen vom Anwendungsprogrammierer die Erstellung eines textuellen Aktionsnetzes, das sich zwar leicht aus der Flußdiagramm-Darstellung ableiten läßt, jedoch auf der einen Seite ein gewisses Maß an Übung verlangt und auf der anderen Seite fehleranfällig ist. Deshalb wird wohl die manuelle Programmierung vorwiegend zu Test- und Diagnosezwecken einem für die Zelle verantwortlichen Betriebsingenieur oder besonders geschultem Instandhaltungspersonal vorbehalten bleiben.

Ansonsten kann in einem vernetzten Betrieb die Anwendungsprogrammierung natürlich an jedem Ort erfolgen. Da die Erstellung des Zellenprogramms den gleichen Auftrag betrifft wie die dazugehörigen Steuerungsprogramme und zudem die Zellenprogrammierung zweckmäßigerweise im Verbund mit der Steuerungsprogrammierung geschieht, stellt sicherlich die Arbeitsvorbereitung den geeigneten Ort für die werkstattferne Zellenprogrammierung dar. Dort stehen dem Arbeitsvorbereiter für die maschinelle Programmierung bis auf die Testmöglichkeiten natürlich dieselben Hilfsmittel zur Verfügung, wie sie die Bedienertask am Zellenrechnerterminal anbietet. In Zukunft ist jedoch eine weitergehende Programmierunterstützung denkbar.

9.3.2. Problemorientierte Zellenprogrammierung

In der Arbeitsvorbereitung werden schon seit langem für Werkzeugmaschinen die Teileprogramme offline erstellt. Die maschinelle Programmierung von Teileprogrammen läßt sich als Baustein (CAP-System /6/) in ein durchgängiges CIM-Konzept eingliedern. Da in diesem Bereich zunehmend auch Simulationssysteme an Bedeutung gewinnen /98,99/, lassen sich dort ebenfalls Roboterprogramme offline entwickeln und ersparen so den Teachbetrieb am Roboter /100/. Deshalb muß eine konsequente Weiterführung dieses Gedankens dazu führen, nicht nur mit CAD-Unterstützung Programme für einzelne Zellenkomponenten zu entwickeln, sondern auch das Zellenprogramm.

Bild 74 zeigt einen Offline-Programmierer in der Arbeitsvorbereitung, der an seinem aus einem Graphikrechner und einem alphanumerischen Terminal bestehenden Arbeitsplatz (vgl. /100/) nicht nur Komponentenprogramme erstellen und simulieren kann, sondern auch gleich den komponentenübergreifenden Zellenablauf. Für die Zellenprogrammierung stehen die vier Kontrollkonstrukte in Semigraphik abrufbar zur Auswahl. Die Operationssymbole /85/ können mit einzeln simulierbaren Komponentenaktionen oder mit bereits zur Verfügung stehenden

Zellenfunktionen (vgl. Kapitel 7.1.) ausgefüllt werden oder wiederum durch den Aufruf neuer Kontrollstrukte verfeinert werden.

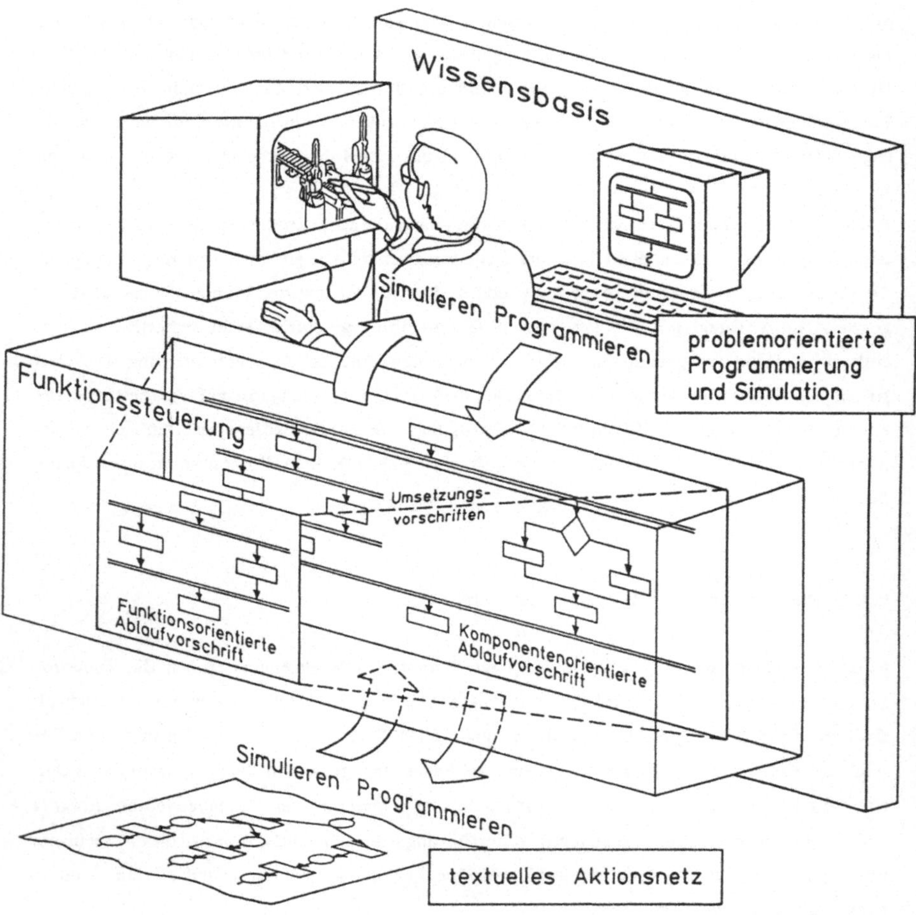

Bild 74: Zellenprogrammierung mit CAD–Unterstützung

Fertige Abläufe können im Zusammenhang simuliert werden und gegebenenfalls verbessert werden. Selbstverständlich muß es möglich sein, daß der Programmierer sich Aktionsmakros ablegt, die er in verschiedene Abläufe einbauen kann. Dies führt zur funktions– bzw. problemorientierten Programmierung, so daß nach längerem Einsatz einer Zelle eine umfangreiche

Wissensbasis an Zellenfunktionen angelegt ist, die dem Programmierer erlaubt, kaum mehr auf die Detailzusammenhänge einzelner Aktionen zurückgreifen zu müssen. Dies bringt natürlich die in Kapitel 7.4.1. genannten Vorteile. Aus der Sicht des Programmierers erscheint dabei die Ablaufsteuerung als reine Funktionssteuerung (vgl. Kapitel 7.1.). Systemintern erfolgt jedoch eine Umsetzung in ein textuelles Aktionsnetz, zu dessen zusammenhängenden Simulation die im Zellenrechner verwendete Aktionssteuerung eingesetzt werden kann. Das bringt den Vorteil mit sich, daß beim Simulationslauf nicht nur der Ablauf an sich verifiziert werden kann, sondern gleich das ganze Aktionsnetz in der Form, wie es im Bedarfsfall in den Zellenrechner eingespeist wird.

Eine steigende Anzahl von Unterstützungsfunktionen im Rahmen der Offline-Zellenprogrammierung bedeutet für den Anwendungsprogrammierer in Zukunft eine zunehmende Entlastung und die Erstellung optimaler Zellenabläufe. Deswegen bleibt die Programmierung nicht mehr ausschließlich hochqualifiziertem Personal vorbehalten. Auf der anderen Seite verlangen Unterstützungsfunktionen wie

- textloses, problemorientiertes Programmieren mit graphisch interaktiven Hilfsmitteln,
- Aktualisierung des visuellen Zellenabbilds nach jeder simulierten Aktion,
- Plausibilitätsüberprüfung mit partieller Fehlertoleranz,
- Optimierungsvorschläge und automatische Optimierungsläufe,
- Simulieren mehrerer Alternativen ohne Zeitdruck,
- Ausnutzung technisch möglicher Nebenläufigkeiten,
- gefahrlose Kollisionsbetrachtungen

dem System immer mehr Intelligenz ab, so daß bei der Realisierung zu überprüfen gilt, inwieweit dafür Methoden und Sprachelemente aus dem Bereich der künstlichen Intelligenz (vgl. Bild 74) Einsatz finden sollen.

10. Zusammenfassung und Ausblick

In der vorliegenden Arbeit wurde ein universelles Zellenrechnerkonzept vor dem Hintergrund einer einheitlichen Zellenstruktur entwickelt, das im Vergleich zu bestehenden Lösungen eine erhebliche Nutzungsverbesserung flexibler Fertigungssysteme bedeutet.

Ausgangspunkt war die Forderung nach einer sinnvollen Entkopplung im Material- und Informationsfluß flexibler Fertigungssysteme. Dies führte zum Zellenkonzept, in dessen Mittelpunkt die allgemeine flexible Fertigungszelle steht. Bei einer allgemeinen flexiblen Fertigungszelle handelt es sich um eine rechnergeführte Arbeitsstation in verteilter oder konzentrierter Struktur und ihrer zugeordneten Peripherie mit Überwachungseinrichtungen und Einrichtungen zur Bereitstellung und Zuführung von Werkstücken und Fertigungsmitteln und zur Verkettung mit anderen Zellen. Jede Fertigungszelle wurde unter die Führung eines eigenen Zellenrechners gestellt, der keine Insellösung, sondern einen wesentlichen Bestandteil für die Durchgängigkeit der rechnerintegrierten Produktion darstellt.

Für den zellenübergreifenden Materialfluß wurde zweckmäßigerweise ebenfalls ein Zellenrechner eingeführt. Dadurch kann der vertikale Informationsfluß zwischen Leitrechner und Fertigungszellenrechner entlastet werden, während der horizontale Informationsfluß auf Zellenrechnerebene die zum Bedarfsabgleich an Werkstücken und Betriebsmitteln erforderliche Synchronisation übernimmt.

Als Zellenrechner soll ein hardwareunabhängiges Programmpaket verstanden werden, das allen Anforderungen umfassend gerecht wird. Dies ist bei bisherigen Lösungen nicht der Fall. Umfassendere Zellenrechnerkonzepte liegen bisher nur für den Bereich der Teilefertigung vor, lassen sich jedoch nicht verallgemeinern. Aufgrund der Einbindung in einen durchgängigen Informationsfluß, des Universalitätsanspruchs, der Ausnutzung möglicher Nebenläufigkeiten, der Verwendung geeigneter Optimierungsstrategien sowie der Möglichkeit zur zentralen Diagnose ergaben sich eine Reihe von neuen Aufgaben. Das Aufgabenspektrum läßt sich in eine modulare Softwarestruktur umsetzen mit den Kernaufgaben Auftragsabwicklung und Diagnose, die ein festes Strukturgerüst bilden, und an mehreren Stellen aufrufbaren Dienstleistungsfunktionen, die sich dort leicht integrieren lassen. Dadurch sind auch nachträgliche Erweiterungen denkbar. Alle Konfigurations- und Auftragsabhängigkeiten wurden zugunsten neutraler Algorithmen in programmexterne Datenstrukturen und erweiterte Komponententreiber verlagert.

Die Einsatzflexibilität eines Zellenrechners wird in entscheidendem Maß von der Ablaufsteuerung bestimmt. Deshalb wurde eine universelle Ablaufsteuerung realisiert, die sich beliebig oft nebeneinander im Zellenrechner installieren sowie vom Anwender ohne Eingriff in den Quellcode an jede reale Konfiguration anpassen und bezüglich ihres Ablaufs programmieren läßt. In der extern erstellten Ablaufvorschrift können vom Anwender alle programmtechnischen Möglichkeiten ausgeschöpft werden. Außerdem kann jeder Arbeitsschritt von einer umfangreichen Weiterschaltbedingung abhängig gemacht werden, die nicht nur durch Ereignisse, sondern auch durch unveränderte Zustandgrößen erfüllt werden kann. Für die Verarbeitung der Ablaufvorschrift erwies sich eine modular aufgebaute Steuerungshierarchie als vorteilhaft, in der sich Petri-Netz- und zustandsorientierte Algorithmen ergänzen. Dazu wurde die Ablaufsteuerung in mehrere Ebenen gegliedert und dazwischen geeignete Schnittstellen festgelegt. In Richtung des technischen Prozesses nimmt dabei pro Ebene der Umfang und Abstraktionsgrad der Einzelschritte ab und die Echtzeitfähigkeit zu. So wird die Reaktion auf Ereignisse des technischen Prozesses nicht vom Zellenrechner-Systemprogrammkern bestimmt, sondern von den davon entkoppelten Komponententreibern, die als eigenständige Programme arbeiten. Zwischen Komponententreiber und Zellenrechner-Systemprogrammkern wurde eine auf wenige Elemente beschränkte Standardschnittstelle realisiert, die trotzdem allen Anforderungen an den komponentenspezifischen Informationsaustausch gerecht wird. Die Konfiguration des Zellenrechner-Systemprogramms aus Systemprogrammkern und dazugehörigen Komponententreibern sowie die interne Darstellung des anwenderprogrammierten Zellenablaufs benötigen nur soviel Speicherplatz, wie es der aktuellen Anwendung entspricht.

Die in der Arbeit beschriebene Realisierung umfaßt nur die maschinelle bzw. manuelle Anwenderprogrammierung der Ablaufvorschrift aufgrund von Komponentenaktionen, sieht jedoch bereits die aufgabenorientierte Programmierung als sinnvolle Erweiterung vor. Dies wird trotz mächtiger Komponentenaktionen bei komplexen Zellenabläufen erforderlich und bedeutet nicht nur Bequemlichkeit für den Programmierer, sondern auch eine deutliche Verbesserung in der Sicherheit der erstellten Zellenabläufe. Es ist ferner denkbar, daß die zur Umsetzung auf ein Aktionsnetz erforderlichen Routinen auch den Ablauf automatisch optimieren und diagnostizieren können. Dabei können zum Beispiel Kollisionen automatisch erkannt und durch entsprechende Reservierungs-/Freigabemechanismen verhindert werden.

Eine umfassende Diagnose ist aber nicht nur bei der Programmierung des Zellenablaufs entscheidend, sondern im besonderen auch als Kernaufgabe des Zellenrechners. Darauf wurde in der Arbeit mehrfach aufmerksam gemacht. Die Realisierung bleibt jedoch einem weitergehenden Schritt überlassen, der auf das vorgestellte Konzept für den störungsfreien Betrieb aufbauen kann. Ziel muß dabei sein, nicht nur Fehler zu erkennen und anzuzeigen, sondern auch so weit wie möglich automatisch zu lokalisieren und zu beheben.

11.   Literaturverzeichnis

/1/   *H.-J. Warnecke:*

Flexible Fertigungssysteme – Einsatzperspektiven in der Bundesrepublik Deutschland.

Fortschrittliche Betriebsführung und Industial Engineering, 34(1985)6, S.268–276.

/2/   *J. Fix-Sterz, G. Lay, R. Schultz-Wild:*

Flexible Fertigungssysteme und Fertigungszellen –

Stand und Entwicklungstendenzen in der Bundesrepublik Deutschland.

VDI-Z 128(1986)11, S.369–379.

/3/   *K.-P. Zeh:*

Rechnergeführte Teilefertigung –

CIM für die Werkstatt: Ergebnisse einer IPA–Erhebung.

CIM-Praxis, Dezember 1986, S.30–38.

/4/   *J. Milberg, Ch. Maier, H. Diess:*

Flexible Montageautomatisierung im Fahrzeugbau.

ZWF 81(1986)4, S.185–189.

/5/   *G. Spur:*

CIM – Die informationstechnische Herausforderung an die Produktionstechnik.

Produktionstechnisches Kolloqium, Berlin, 1986.

/6/   *AWF:*

CIM – Begriffe, Definitionen, Funktionszuordnungen, Empfehlungen des Ausschuß für Wirtschaftliche Fertigung, S.1–12.

/7/   *J. Milberg:*

Entwicklungstendenzen in der automatisierten Produktion.

Technische Rundschau 77(1985)37, S.42–48.

/8/   *E. Streifinger:*

Beitrag zur Sicherung der Zuverlässigkeit und Verfügbarkeit moderner Fertigungsmittel unter besonderer Berücksichtigung von Kollisionen im Arbeitsraum.

Dissertationen, München, 1983.

/9/   *N. Reithofer:*

Nutzungssicherung von flexibel automatisierten Produktionsanlagen.

Dissertation, München, 1987.

/10/   *H. Hammer:*

Erfahrungen über Verfügbarkeit, Betriebsverhalten und Einsatzbedingungen von Flexiblen Fertigungssystemen.

Produktionstechnisches Kolloquium, Berlin, 1986.

/11/   *H.-P. Wiendahl, G. Springer:*

Untersuchung des Betriebsverhaltens flexibler Fertigungssysteme.

ZwF 81(1986)2, S.95-100.

/12/   *M. Weck, U. Dern:*

Integriertes Fertigungs- und Montagesystem - Die Fertigung montagegerecht steuern.

Industrieanzeiger 106(1984)83, S.22-25.

/13/   *G. Duelen, H. Linnemann, R. Bernhardt:*

Die Informationsarchitektur in datengetriebenen Fabriken.

Produktionstechnisches Kolloquium, Berlin, 1986.

/14/   *B. Wiemann, W. Ries, M. Patz, G. Färber, F. Demmelmeier:*

Bussysteme - Parallele und serielle Bussysteme in Theorie und Praxis.

Herausgeber: Georg Färber.

Oldenburg Verlag, München, Wien, 1984.

/15/   *J. Milberg, A. Groha:*

Strukturierung der Informationsverarbeitung - Verfügbarkeit steigern im Infomations-
fluß flexibler Fertigung.

Industrieanzeiger 108(1986)60/61, S.28-31.

/16/   *G. Stelzer:*

Netzwerke für die CIM - Fabrik.

CIM-Praxis, September 1986, S.90-94.

/17/   *P. Müller, G. Rath:*

Kopplung von Rechnern und Werkzeugmaschinensteuerungen.

ZwF 80(1985)11, S.488-491.

/18/   *P. Schicker:*

Datenübertragung und Rechnernetze.

Teubner Verlag, Stuttgart, 1983.

/19/   *K. Mertins:*

Steuerung rechnergeführter Fertigungssysteme.

Produktionstechnik - Berlin, Bd. 37.

Hanser Verlag, München, Wien, 1985.

/20/   *C. Dolezalek, R. Ropohl:*

Flexible Fertigungssysteme, die Zukunft der Fertigungstechnik.

Werkstattstechnik 60(1970)8, S.446-451.

/21/   *G. Pritschow:*

Die flexible Fertigungszelle - Chance und Herausforderung auch für den mittelständischen Betrieb.

wt-Z.ind.Fertig. 75(1985)11, S.663-668.

/22/   *G. Spur, A. Pätzold, F. Zastrow:*

Entwicklung eines modularen, flexiblen Fertigungssystems mit automatisierter Informationsverarbeitung.

ZwF 70(1975)1, S.9–11.

/23/   *G. Spur, B. H. Auer:*

Die automatische Handhabung bei flexiblen Fertigungszellen.

wt–Z.ind.Fertig. 65(1975)3, S.117–123.

/24/   *W. Popken:*

Steuerung von flexiblen Fertigungszellen für die Drehbearbeitung mit dezentralen Mehrrechnersystemen.

Produktionstechnik – Berlin, Bd. 26.

Hanser Verlag, München, Wien, 1981.

/25/   *H.-J. Warnecke, R.Steinhilper, W. Schütz:*

Flexibel automatisierte Teilefertigung in mittelständischen Unternehmen.

VDI–Z. 124(1982)17, S.611–619.

/26/   *G. Spur, B. H. Auer, H. Sinning:*

Industrieroboter – Steuerung, Programmierung, Daten.

Hanser Verlag, München, Wien, 1979.

/27/   *H. Genschow, H. Hammer:*

Duplex–Fertigungszelle zum automatischen Bohren und Fräsen.

Werkstatt und Betrieb 116(1983)3, S.133–137.

/28/   *H. Hammer:*

Erfolgreiche Anwendung rechnergesteuerter Fertigungszellen und –systeme.

Werkstatt und Betrieb 118(1985)8, S.459–465.

/29/   *K. Tuffentsammer:*

Die automatisierten Fertigungssysteme – Ein Vergleich der deutschen und englischen Terminologie und Kurzbezeichnungen automatisierter Fertigungssysteme.

tz für Metallbearbeitung 79(1985)8, S.48–52.

/30/   *N.N.:*

FMC – Flexible Fertigungszellen

SICOMP – Beschreibung.

Druckschrift der Firma Siemens, 1985.

/31/   *N.N.:*

VDI Richtlinien 3424: Numerisch gesteuerte Arbeitsmaschinen – Direktsteuerung mit Hilfe von Digitalrechnern.

VDI Verlag, Düsseldorf, 1972.

/32/   *W. Junike:*

Hierarchische Steuerungssysteme für die Automatisierung von Fertigungsanlagen.

wt-Z.ind.Fertig. 75(1985)8, S.469-472.

/33/   *N.N.:*

DNC- und Betriebsdatenerfassung.

Druckschrift der Firma Gildemeister Automation, 1985.

/34/   *N.N:*

Flexible selbstrüstende Drehzelle TNA 480 + FHS 2

Druckschrift der Firma Traub GmbH, 1985.

/35/   *A. Groha, C. Klippel:*

Integrierter Material- und Informationsfluß in der flexibel automatisierten Fertigung.

CIM-Praxis, April 1986, S.97-102.

/36/   *J. Milberg, A. Groha:*

Der Zellengedanke als Strukturierungsprinzip im Informations- und Materialfluß flexibler Fertigungssysteme.

ZwF 81(1986)12, S.682-687.

/37/   *N.N:*

DIN 8580: Fertigungsverfahren - Einteilung.

Hrsg. vom Deutschen Normenausschuß.

Beuth Verlag, Berlin, Köln, 1974.

/38/   *N.N.:*

Methodenlehre der Planung und Steuerung. Teil 2: Planung.

Hrsg. Verband für Arbeitsstudien - REFA - e.V.

Hanser Verlag, München, 1974.

/39/   *P. Scharf:*

Strukturen flexibler Fertigungssysteme - Gestaltung und Bewertung.

Krausskopf Verlag, Mainz, 1976.

/40/   *S. Waller:*

Leittechnik in der automatischen Produktion.

Tagungsband: Kolloquium Automatische Produktionssysteme, 14./15.2.1985, Institut für Werkzeugmaschinen und Betriebswissenschaften, TU München.

/41/   *H.-J. Warnecke, B. Oberdorfer, W. Rauh:*

Flexible Prüfzelle mit bildverarbeitungsgesteuertem Prüfroboter zur Einbindung in ein CIM-Konzept.

wt-Z.ind.Fertig. 76(1986)9, S.543-546.

/42/   *Ö. S. Ganiyusufoglu, G. Goedeke, D. Spath:*
CIM-Sonderschau – Rechnerintegrierte Fertigung mit heute verfügbaren Mitteln.
ZwF 81(1986)6, S.276–281.

/43/   *N.N.:*
VDI Richtlinien 3240: Zubringeeinrichtungen – Begriffe, Kennzeichnung, Anforderungen.
VDI Verlag, Düsseldorf, 1971.

/44/   *N.N.:*
VDI Richtlinien 2860: Montage- und Handhabungstechnik – Handhabungsfunktionen, Handhabungseinrichtungen, Begriffe, Definitionen, Symbole.
VDI Verlag, Düsseldorf, 1982.

/45/   *W. Schaufelberger, P. Sprecher, P. Wegmann:*
Echtzeit-Programmierung bei Automatisierungssystemen.
Teubner Verlag, Stuttgart, 1985.

/46/   *K.-H. Wurst, M. Bauder:*
Steuerungsstrukturen und Informationsaustausch für verkettete Industrieroboter.
wt-Z.ind.Fertig. 76(1986)1, S.15–18.

/47/   *M. Schneider:*
Der Trend geht zur Zellensteuerung.
Roboter (1986)2, S.24–26.

/48/   *H.-J. Schneider:*
Lexikon der Informatik und Datenverarbeitung.
Oldenbourg Verlag, München, Wien, 1983.

/49/   *F. Nyhuis:*
Rüstzeitanalyse – Voraussetzung für eine systematische Verringerung der Rüstzeiten.
wt-Z.ind.Fertig. 75(1985)1, S.45–48.

/50/   *F. L. Bauer, H. Wössner:*
Algorithmische Sprache und Programmentwicklung.
Springer Verlag, Berlin, Heidelberg, New York, 1981.

/51/   *L. Goldschlager, A. Lister:*
Informatik – Eine moderne Einführung.
Hanser Verlag, München, Wien, 1986.

/52/   *N.N.:*
VAXELN – User's Guide.
Digital Equipment Corporation, Maynard, Massachusetts, 1985.

/53/ *N.N.:*

VAX Ada - Programmer's Run-Time Reference Manual.

Digital Equipment Corporation, Maynard, Massachusetts, 1985.

/54/ *J. G. P. Barnes:*

Programmieren in ADA.

Hanser Verlag, München, Wien, 1983.

/55/ *M. Nagl:*

Einführung in die Programmiersprache Ada: Skriptum für Hörer aller Fachrichtungen.

Vieweg Verlag, Braunschweig, Wiesbaden, 1982.

/56/ *N.N.:*

DIN 44300 (Teil 9): Informationsverarbeitung. Begriffe, Verarbeitungsabläufe.

Hrsg. vom Deutschen Normenausschuß.

Beuth Verlag, Berlin, Köln, 1985.

/57/ *K. Baier, B. Kues:*

DNC-Funktionen bei Numerischen Steuerungen.

VDI-Z 125(1983)14, S.575-578.

/58/ *N.N.:*

SIROTEC RCM. Funktionsmodul 06.507. Rechnerkopplung 1. Beschreibung.

Druckschrift der Firma Siemens, 1986.

/59/ *A. Herrscher:*

Beitrag zum Entwurf und zur Realisierung prozeßnaher Steuerungsfunktionen in flexiblen Fertigungssystemen.

Dissertation, Stuttgart, 1981.

/60/ *G. Geiser:*

Mensch-Maschine-Kommunikation in Leitständen.

KfK-PDV-Bericht 133, Karlsruhe, 1983.

/61/ *G. Geiser:*

Mensch-Maschine-Kommunikation in Leitständen.

KfK-PDV-Bericht 131, Karlsruhe, 1977.

/62/ *G. Geiser, J. Frädrich:*

Mensch-Maschine-Kommunikation in Leitständen.

KfK-PDV-Bericht 132, Karlsruhe, 1979.

/63/ *M. Weck, E. Kohen:*

Für flexible Fertigungssysteme - Konfigurierbare Steuerungssoftware.

Industrieanzeiger 106(1984)83, S.25-30.

/64/ **N.N.:**

DIN 19237: Steuerungstechnik. Begriffe.

Hrsg. vom Deutschen Normenausschuß.

Beuth Verlag, Berlin, Köln, 1972.

/65/ **N.N.:**

DIN 19239: Steuerungstechnik. Speicherprogrammierte Steuerungen. Programmierung.

Hrsg. vom Deutschen Normenausschuß.

Beuth Verlag, Berlin, Köln, 1983.

/66/ *W. Eversheim, H. Mok, W. Müller:*

Beurteilung flexibler Montagesysteme – Bestimmung von Automatisierungsgrad und Flexibilitätsgrad.

VDI-Z 128(1986)14, S.551-556.

/67/ *W. Müller:*

Integration von Handhabungsfunktionen in Fertigungseinrichtungen.

Dissertation, Aachen, 1983.

/68/ *L. Rispoli:*

Steuern eines flexiblen Fertigungssystems.

wt-Z.ind.Fertig. 76(1986)9, S.525-527.

/69/ *K. Kurbel:*

Programmierstil in Pascal, Cobol, Fortran, Basic, PL/1.

Springer Verlag, Berlin, Heidelberg, New York, Tokyo, 1985.

/70/ *E. W. Dijkstra:*

GOTO statements considered harmfull.

Communications of the ACM, Vol.11, No.3, S.147-148, 1968.

/71/ *P. Krauss:*

Maschinenorientierter Programmentwurf.

Vorlesung WS 1986/87, Technische Universität München.

/72/ *J. Welsh, M. McKeag:*

Strukturierte Systemprogrammierung mit Pascal Plus.

Hanser Verlag, München, Wien, 1981.

/73/ *W. Döttling:*

Beitrag zur Steuerung und Überwachung des Fertigungsablaufs in flexiblen Fertigungssystemen.

Dissertation, Stuttgart, 1981.

/74/ *G. Schmidt:*

Grundlagen der Regelungstechnik.

Vorlesung WS 1986/87, Technische Universität München.

/75/ G. Böhme:

Einstieg in die mathematische Logik.

Hanser Verlag, München, Wien, 1981.

/76/ H. J. Stommel:

Betriebliche Terminplanung.

Gruyter Verlag, Berlin, New York, 1976.

/77/ D. Abel, H. Rake:

Simulation von komplexen Steuerungssystemen mit Petri-Netzen.

Proceedings of the 2nd European Simulation Congress, Antwerpen, 9.-12.Sept.1986.

/78/ C. A. Petri:

Concepts of Net Theory.

Proceed. Symp. MFCS'73, High Tatras, 1973.

/79/ G. Bruno, M. Morisio:

Petri-Net based Simulation of Manufacturing Cells.

Proceed. Intern. Conference on Robotics and Automation, Raleigh, 1987.

/80/ N.N.:

Gould FM 1800. Cell Controller. Product Summary Description.

Druckschrift der Firma Gould Electronics, 1986.

/81/ K. Zuse:

Petri-Netze aus der Sicht des Ingenieurs.

Vieweg-Verlag, Braunschweig, Wiesbaden, 1980.

/82/ W. Reisig:

Petri-Netze - eine Einführung.

Springer Verlag, Berlin, Heidelberg, New York, 1982.

/83/ H. P. Godbersen:

Funktionsnetze - Eine Modellierungskonzeption zur Entwurfs- und Entscheidungsun-
terstützung.

Ladewig Verlag, Birkach, Berlin, München, 1983.

/84/ R. Berg, A. Meyer, M. Müller, A. Zogg:

Netzplantechnik. Grundlagen - Methoden - Praxis.

Verlag Industrielle Organisation, Zürich, 1973.

/85/ N.N.:

DIN 66001: Informationsverarbeitung.

Sinnbilder für Datenfluß- und Programmablaufpläne.

Hrsg. vom Deutschen Normenausschuß.

Beuth Verlag, Berlin, Köln, 1977.

/86/   *N.N.:*

DIN 66025: Programmaufbau für numerisch gesteuerte Arbeitsmaschinen.

Wegbedingungen und Zusatzfunktionen.

Hrsg. vom Deutschen Normenausschuß.

Beuth Verlag, Berlin, Köln, 1972.

/87/   *G. Riedewald, J. Maluszynski, P. Dembinski:*

Formale Beschreibung von Programmiersprachen – Eine Einführung in die Semantik.

Oldenbourg Verlag, München, Wien, 1983.

/88/   *P. Levi:*

Betriebssysteme für Realzeitanwendungen.

Datakontext Verlag, Köln, 1981.

/89/   *G. Weck:*

Prinzipien und Realisierung von Betriebssystemen.

Teubner Verlag, Stuttgart, 1982.

/90/   *K. Schmidt, W. Wildegger, F. Pätzold, G. Schwarz:*

Mikroprogrammierbare Schnittstellen.

Teubner Verlag, Stuttgart, 1984.

/91/   *J. Suppan–Borowka, Th. Simon, O. Spanioi:*

MAP–Studie.

DATACOM Verlag, Pulheim, 1986.

/92/   *G. Färber:*

Prozeßrechentechnik – Allgemeines, Hardware und Software, Planungshinweise.

Springer Verlag, Berlin, Heidelberg, New York, 1979.

/93/   *N.N.:*

Manufacturing Message Specification (MMS).

ISO/TC184/SC5 N66.

/94/   *M. Weck, G. Kiratli:*

Einsatz von Expertensystemen zur Bedienung komplexer Produktionssysteme.

HGF–Kurzberichte Nr.4, 1987, S.1–2.

/95/   *Ch. Blume, W. Jakob:*

Programmiersprachen für Industrieroboter: Konzepte u. Sprachen; AL, VAL, HELP,
SIGLA, ROBEX.

Vogel Verlag, Würzburg, 1983.

/96/   *N.N.:*

Bosch CC 300 M. Die flexible CNC–Steuerung für die flexible Fertigung.

Druckschrift der Firma Bosch, 1985.

/97/   *W. v. Zeppelin, W. Klauss:*

Fortschritte in der Entwicklung von CNC–Steuerungen für Drehmaschinen.

Zeitschrift f. wirtschaftl. Fertig., 79(1984)6, S.257–267.

/98/   *D. Zühlke, M. Osterwinter:*

Graphische Robotersimulation – GROSIM bietet effektive Programmierung und Betriebssicherheit.

Elektronik (1985)10, S.153–157.

/99/   *M. Weck, Th. Niehaus, M. Osterwinter:*

Graphisch interaktives Programmier- und Testsystem für Industrieroboter.

Robotersysteme (1982)2, S.193–201.

/100/   *J. Milberg, P. Wrba:*

Roboter–Einsatzplanung und Offline–Programmierung mit USIS.

ZwF 81(1986)9, S.484–488.

iwb Forschungsberichte

Berichte aus dem Institut für Werkzeugmaschinen und Betriebswissenschafter der Technischen Universität München

Herausgeber: Prof. Dr.-Ing. J. Milberg

---

1 **Streifinger, E.**
Beitrag zur Sicherung der Zuverlässigkeit und Verfügbarkeit moderner Fertigungsmittel
1986. 72 Abb. 167 Seiten, ISBN 3-540-16391-3 68,- DM

2 **Fuchsberger, A.**
Untersuchung der spanenden Bearbeitung von Knochen
1986. 90 Abb. 175 Seiten, ISBN 3-540-16392-1 68,- DM

3 **Maier, C.**
Montageautomatisierung am Beispiel des Schraubens mit Industrierobotern
1986. 77 Abb. 144 Seiten, ISBN 3-540-16393-X 68,- DM

4 **Summer, H.**
Modell zur Berechnung verzweigter Antriebsstrukturen
1986. 74 Abb. 197 Seiten, ISBN 3-540-16394-8 68,- DM

5 **Simon, W.**
Elektrische Vorschubantriebe an NC-Systemen
1986. 141 Abb. 198 Seiten, ISBN 3-540-16693-9 68,- DM

6 **Büchs, S.**
Analytische Untersuchungen zur Technologie der Kugelbearbeitung
1986. 74 Abb. 173 Seiten, ISBN 3-540-16694-7 68,- DM

7 **Hunzinger, I.**
Schneiderodierte Oberflächen
1986. 79 Abb. 162 Seiten, ISBN 3-540-16695-5 68,- DM

8 **Pilland, U.**
Echtzeit-Kollisionsschutz an NC-Drehmaschinen
1986. 54 Abb. 127 Seiten, ISBN 3-540-17274-2 68,- DM

9 **Barthelmeß, P.**
Montagegerechtes Konstruieren durch die Integration von Produkt- und Montageprozeßgestaltung
1987. 70 Abb. 144 Seiten, ISBN 3-540-18120-2 68,- DM

10 Reithofer, N.
Nutzungssicherung von flexibel automatisierten Produktionsanlagen
1987. 84 Abb. 176 Seiten, ISBN 3-540-18440-6   68,- DM

11 Diess, H.
Rechnerunterstützte Entwicklung flexibel automatisierter
Montageprozesse
1988. 56 Abb. 144 Seiten, ISBN 3-540-18799-5   73,- DM

12 Reinhart, G.
Flexible Automatisierung der Konstruktion
und Fertigung elektrischer Leitungssätze
1988, 112 Abb. 197 Seiten, ISBN 3-540-19003-1   73,- DM

13 Bürstner, H.
Investitionsentscheidung in der rechnerintegrierten
Produktion
1988, 77 Abb. 190 Seiten, ISBN 3-540-19099-6   73,- DM

14 Groha, A.
Universelles Zellenrechnerkonzept für flexible Fertigungssysteme
1988, 74 Abb. 153 Seiten, ISBN 3-540-19182-8   73,- DM

15 Riese, K.
Klipsmontage mit Industrierobotern
1988, 92 Abb. 150 Seiten, ISBN 3-540-19183-6   73,- DM

Die Bände sind im Erscheinungsjahr und in den folgenden drei Kalenderjahren
zu beziehen durch den örtlichen Buchhandel
oder durch Lange & Springer, Otto-Suhr-Allee 26-28, D-Berlin 10